CONTES BIRMANS

D'APRÈS LE

THOUDAMMA SÂRI DAMMAZAT

PAR

Louis VOSSION

ANCIEN CONSUL DE FRANCE A RANGOON

Au temps où les bêtes parlaient......
LA FONTAINE.

PARIS

ERNEST LEROUX, ÉDITEUR

28, RUE BONAPARTE, 28

1901

COLLECTION

DE

CONTES ET CHANSONS POPULAIRES

———

TOME XXIV

———

CONTES BIRMANS

———

CONTES BIRMANS

D'APRÈS LE

THOUDAMMA SÂRI DAMMAZAT

PAR

Louis VOSSION

ANCIEN CONSUL DE FRANCE A RANGOON

Au temps où les bêtes parlaient .
LA FONTAINE.

PARIS
ERNEST LEROUX, ÉDITEUR

28, RUE BONAPARTE, 28

—

1901

AVANT-PROPOS

———

En présentant au public ces vieux contes birmans, venus de l'Inde, je tiens à dire, d'abord, que je ne prétends pas faire œuvre d'orientaliste : si tel avait été mon but, une traduction littérale, avec gloses, notes, et le reste, s'imposait. Sous cette forme, qui eût lu mon livre? une douzaine de spécialistes, et encore? aussi, ai-je préféré mettre simplement, et sans apprêt, sous les yeux du lecteur, une poignée de contes, pris au hasard, et où il retrouvera, avec une philosophie encore très près de la nature, le charme des légendes primitives, et toute la tendresse des dogmes bouddhiques.

Le titre de l'ouvrage birman, dont la *libre* adaptation des présents contes est extraite, est le Thoudammà Sâri Dammazat, ou *Recueil des décisions de Thoudamma Sâri.*

Sous l'ancienne monarchie birmane, renversée en 1885 par « notre cher ami, notre ennemi », Lord Dufferrin, la justice était rendue d'après le Code de Manou, modifié, çà et là, par les Birmans, en vue d'une adaptation plus étroite à leurs usages et à leur état social, différents de ceux des Indiens. Mais, en dehors de ces lois qui formaient en quelque sorte le code civil et criminel de la Birmanie, il existait au moins une vingtaine de petits recueils de décisions, plus ou moins fabuleuses, attribuées à des rois, des juges, ou des princesses du temps passé.

Le Thoudamma Sâri Dammazat était le plus populaire de ces recueils. Évidemment, ces décisions n'avaient aucune valeur légale au sens pratique du mot : elles marquaient, simplement, l'esprit dans lequel les juges devaient s'acquitter de leur mission de justice, dont la sublimité n'avait pas d'égale aux yeux des populations de l'Inde.

C'est ce qu'expriment bien les premières lignes du recueil : « La parole des « rois, des sages et des juges, y est-il dit, « doit être semblable à un coup de ton- « nerre, à un sabre à deux tranchants, « coupant une feuille de bananier, à un « vent violent qui secoue les branches « d'un arbre. Les juges, qui ont à cœur « leur bonheur dans les existences ulté-

« rieures qui les attendent, doivent con-
« tinuellement étudier la loi dans toutes
« ses parties, et leurs décisions doivent
« s'inspirer de la plus pure équité. »

Ce Dammazat est un livre de lecture
courante en Birmanie : on le trouve dans
les monastères, dans les écoles et dans
les familles. La moitié des jeunes Birmans y apprennent à lire couramment,
comme chez nous, les enfants, dans les
fables de La Fontaine.

Dans la Basse Birmanie, formée par le
delta de l'Iraouaddy, le Bouddhisme
avait pénétré de bonne heure, à peu près
à l'époque du Concile de Pataliputra,
283 ans après la mort de Gautama Bouddha, soit 241 ans avant l'ère chrétienne.
Dans la haute Birmanie, au contraire,
cette belle religion ne pénétra que beaucoup plus tard, vers le milieu du XIe siècle ; elle y fut introduite par le roi birman
Anaoyatazo, le créateur des Temples de
Pagan, dont le voyageur peut encore

admirer aujourd'hui les ruines impo-
santes, reflétées sur une longueur de
plus d'un mille dans les eaux bleues
de l'Iraouaddy. Le colonel Yule a
fait, de ces temples, une description
magistrale dans son beau livre *The
Court of Ava* [1].

La littérature de l'Inde pénétra en
Birmanie en même temps que le bouddhisme. Le lecteur reconnaîtra vite dans
nos contes d'évidentes analogies avec
d'autres contes appartenant au folk-lore
universel. Les Birmans n'ont pas, en
effet, pour ainsi dire, de littérature vraiment originale. Les annales de leurs rois
(Mahâ Yaza Ouène), quelques comédies
satiriques (pouès), et un certain nombre
de très courts poèmes ou chansons populaires (tatchyènes) constituent à peu près

1. *The Court of Ava*, in 1855, par le colonel
Henry Yule, sous-secrétaire au Gouvernement
de l'Inde (Calcutta, Thacker, Spink et C⁰,
éditeurs).

tout leur bagage ; tout le reste vient de l'Inde.

Il est beaucoup question de *Nats* dans ces contes. En adoptant le bouddhisme, les Birmans avaient conservé mille traces de leur culte primitif, paganisme naïf qui peuplait la terre entière d'esprits bienfaisants ou cruels. Habillés à la Birmane, les *Dewas* des contes indiens sont devenus des *Nats;* mais le mot *Nat* a deux sens en birman, le sens orthodoxe, et... l'autre.

Dans le premier sens, il s'applique aux Dewas indiens, esprits des régions supérieures ayant fidèlement observé la loi de Bouddha ; dans le second, de beaucoup le plus populaire, il désigne les génies de l'air, de la maison, du fleuve, de la montagne, de l'ouragan, des nuages, des forêts, des torrents, des sources ou des grands bois, cousins germains des fées, péris, Djinns et lutins de l'Occident et des innombrables dieux inférieurs du

Panthéon grec. Les moines bouddhistes ne confondent jamais ces deux sortes de Nats, et, dans leur bouche, ce mot désigne toujours les Dewas célestes, mais le peuple l'entend autrement et le culte des Nats, chez lui, est carrément hérétique [1].

Cela est si vrai que le roi Mendoûmemen (1852-1878), qui avait été moine dans un monastère avant de monter sur le trône, et qui s'y connaissait, certes, fit publier à Mandalay, en 1872, un édit royal interdisant aux Birmans le culte des Nats. Rien n'est curieux comme de voir ce roi-prêtre cherchant à maintenir à coups de décrets ses Birmans dans la vraie doctrine du Bouddha. Louis XIV, poursuivant le jansénisme, n'y mettait pas plus de ferveur.

1. Voir : « The Nats or Spirit worship among the Burmese of the Iraouaddy Valley. » Ernest Leroux, éditeur, Paris, 1895. — On y trouve des renseignements plus complets sur le culte des Nats.

Ce fanatisme apparent n'empêchait pas, d'ailleurs, cet avant-dernier roi de la Birmanie indépendante, d'être un philosophe et un sage. Un jour, à Mandalay, en 1876, un de ses ministres vint le trouver tout effaré pour le supplier de ne pas ajouter foi à une lettre d'accusations qu'il savait avoir eté envoyée contre lui à Sa Majesté par certaines femmes de la Cour. Il était innocent, jurait-il, comme l'enfant qui vient de naître, et les accusations n'étaient qu'un tissu de mensonges.

Mendoûme-men, assis sur son coussin jaune bordé de rouge, contre une des petites portes en teck de la vérandah qui lui servait de salle de réception pour les audiences familières, mâchait son bétel et jouait avec un de ses enfants, tout en écoutant parler le pauvre diable lequel, qu'on me pardonne l'expression, « n'en menait pas large ». Quand il se tut, un grand silence régna pendant plus de dix minutes. Enfin, le roi, fixant ses auditeurs attentifs, laissa tomber à mi-voix ces paroles qu'il me semble entendre encore : « Quand je reçois une lettre contenant « des accusations contre quelqu'un, je « n'en conclus pas que ces accusations « sont fondées ; j'en conclus que l'auteur « de la lettre est l'ennemi de l'accusé ; si, « au contraire, (ce qui est d'ailleurs bien « plus rare), la lettre contient des éloges, « il ne s'en suit pas pour moi que ces « éloges sont mérités, mais que l'auteur « de la lettre est un ami de la personne « dont il chante les louanges. Un roi « sage, pareil à un juge, ne tire des con- « clusions que sur des faits précis, prou- « vés, et d'après sa seule conscience. Allez « en paix et ne craignez rien si vous avez « la conscience pure. » Il faut croire qu'il ne l'avait guère, car quelques jours après, les faits ayant été prouvés, il fut envoyé en exil dans les pays Shans, non loin du Mékong.

Mais, Marc-Aurèle eût-il mieux dit

que ce roi birman, et que pense-t-on de
cet aparté sceptique ; « *Ce qui, d'ailleurs est bien plus rare ?* », dit avec un
sourire mi-narquois, mi-attristé, tant il
est vrai qu'une trop grande connaissance
du cœur humain porte fatalement, en
tout pays, au scepticisme et à la tristesse !

De son fils Thibo, ivrogne et fanatique,
on ne pouvait guère dire : talis pater,
talis filius ; le culte des Nats, un instant
réprimé, recommença de plus belle sous
son règne et l'édit de Mendoûme-men fut
relégué aux oubliettes. Aujourd'hui que
les Anglais ont annexé le pays, il n'existe
plus de pouvoir moral capable de ramener les Birmans à l'orthodoxie, et le culte
des Nats qui est, d'ailleurs, orthodoxie
à part, plein de poésie, va refleurir plus
que jamais, comme je vois actuellement
refleurir sous mes yeux, chez les indi-
gènes des îles Sandwich (suffisamment
édifiés sur le compte de leurs civilisateurs

évangéliques de la Nouvelle-Angleterre,
dont la Bible est, trop souvent, un livre
de chèques), les vieilles et poétiques tra-
ditions polynésiennes de l'ancien temps.

Jusqu'au roi Thibo, la Birmanie était
le pays où le bouddhisme s'était conservé
le plus pur. On peut y remarquer aujour-
d'hui, en bien des points, une dégénéres-
cence analogue à celle qui existe au Thi-
bet, au Japon et surtout en Chine.

Les Folkloristes ne s'étonneront pas de
la persistance des Birmans à conserver
le culte des Nats d'autrefois. Il savent
que partout, sans exception, sur la surface
du globe, les croyances primitives, au
moins dans leur esprit, demeurent cachées sous le vernis des dogmes nou-
veaux, vernis qui parfois s'écaille si facilement :

Paganisme immortel, es-tu mort? On le dit.
Mais Pan, tout bas, s'en moque et la sirène en rit,

a dit Sainte-Beuve.

La religion bouddhique est, au fond, de nature fort abstraite : je parle de sa philosophie touchant la destinée de l'homme, car les dix règles principales de morale pratique qu'elle impose sont accessibles à tous les esprits. Ces lois prescrivent : de faire des offrandes aux monastères, d'obéir aux cinq commandements des Livres Saints (ne pas voler, ne pas tuer, ne pas commettre d'adultère, ne pas s'enivrer et ne pas commettre d'actions basses), puis d'être charitable envers les pauvres, de ne pas mentir, d'être doux et aimant, de ne pas se laisser envahir par la colère, d'accomplir les cérémonies religieuses, de ne pas opprimer le peuple, d'être toujours maître de soi, et, enfin, de ne jamais être familier avec les inférieurs. Les cinq commandements mis entre parenthèse s'appliquent à tous les hommes, mais les dix lois s'adressent surtout aux dépositaires du pouvoir à un titre quelconque.

En somme, à part la place un peu proéminente donnée à la prescription relative aux dons religieux, il y a là un beau code de morale, facilement compris et généralement suivi. Mais là où la foule cesse de suivre aussi docilement, c'est lorsqu'il est question des conceptions philosophiques de Gautama-Bouddha, du problème obscur de la destinée de l'homme, du jeu automatique du Karma, sorte de balance de doit-et-avoir entre les bonnes et les mauvaises actions, ou encore du Niebban ou annihilation nirvanique, précédant elle-même une série de réincarnations nouvelles. Alors la masse ne comprend plus, elle s'éloigne et s'en revient, tout doucement, aux *Nats* du foyer, de la plaine et de la montagne, qui n'en demandent pas si long, et qu'on apaise avec des roses, des gâteaux de miel et des fruits dorés.

En 1885, comme nous l'avons dit, l'Angleterre renversa la monarchie birmane et annexa le pays pour s'ouvrir les marchés de la Chine que nous menacions d'atteindre les premiers du côté du Tonkin. On se souvient combien cette annexion fut faite soudainement, en un tour de main, pourrait-on dire :

Je n'ai fait que passer; il n'était déjà plus.

Le roi Thîbo, au lieu de se défendre, avec adresse, comme son père, contre la destinée qui menaçait son peuple, avait semblé dire, dès le premier jour de son accession au trône : « Après moi, le déluge? » Et le déluge est venu, non après lui, mais de son vivant, et il expie aujourd'hui sa folie dans l'exil, à Madras. A cette affaire nous avons gagné d'avoir les Anglais pour voisins sur le Mékong, gain très négatif. Cette main-mise anglaise sur la Birmanie, puisqu'elle était fatale, aura, du moins, le bon résultat de faire mieux connaître au monde la littérature birmane, indigène ou empruntée.

Et il ne s'agit pas là d'une mince besogne. Dans leur œuvre de traduction du Pâli en Birman, les écrivains birmans ont fait subir aux originaux des mutilations regrettables. Souvent, après une phrase tirée du texte Pâli, l'écrivain s'est mis à consigner ses propres réflexions, indignées ou plaisantes, suivant le cas; puis viennent des descriptions, des exclamations; enfin, le texte original reprend son cours. Aussi, la lecture des manuscrits birmans, sur feuilles de palmier, est-elle laborieuse et fatigante au possible. Une publication rationnelle, avec des notes explicatives, est une œuvre qui s'impose aux savants anglais, et que le xxᵉ siècle verra sans doute s'accomplir.

Les textes dont je me suis servi pour l'adaptation, très libre, je le répète, des contes qu'on va lire, sont, d'abord, un manuscrit provenant d'un monastère de Mandalay, et le livre d'extraits de Latter, publié à Moulmein.

Il y a vingt-sept histoires dans le Thoudamma sâri Dammazat; je me suis contenté d'en choisir une dizaine, celles qui m'ont paru les plus intéressantes.

Je désire que le lecteur trouve à les lire autant de plaisir que j'en ai eu à les écrire dans ma solitude océanienne; puisse cette lecture lui faire aimer, à son tour, la Birmanie et les Birmans, comme je les aime moi-même depuis qu'il m'a été donné de les connaître de si près, grâce à l'amitié de ce sage qui fut Mendoûme-men.

Honolulu, 5 février 1899.

L. V.

LE BRAHME ET LE CHIEN

CONTE BIRMAN

Celui qui donne sa
confiance au premier
venu court grand risque
d'être trompé.

Il y a bien longtemps de cela ; c'était pendant l'ère du treizième Bouddha, Thoumana ;
un brahme, nommé Ahmanda, vivait au pays
de Jikama. Un jour qu'il entrait dans la
forêt, à la tombée de la nuit, pour y faire ses
ablutions à la source voisine, il aperçut un
maigre chien qui y entrait également. C'était
un pauvre chien sauvage, tout pelé, tout ga-
leux, qui s'était glissé de jour, dans la ville
pour tâcher d'y trouver sa misérable pitance

au milieu des détritus jetés à la rue par les habitants et qui, à l'approche des ombres de la nuit, craignant quelque mauvais coup, regagnait, en trottinant, sa jungle accoutumée.

Ahmanda, oublieux des préceptes sacrés, se mit à le poursuivre, sans aucune raison, une grosse trique à la main. Le chien, vivement effrayé de cette attaque, interrompit sa course et dit : « O brahme, quel avantage ma mort peut-elle vous procurer ? Je vous en prie, ne me tuez pas et, en revanche, je vous promets de vous donner deux mille pièces d'or. » — Celui-ci oubliant la sagesse de la doctrine sainte, et l'esprit tourné vers les pompes et les misérables vanités de ce bas monde, répondit au chien : « Fort bien, j'y consens ; je ne vais pas te tuer, mais donne-moi vite ce que tu m'as promis. » — « O brahme, comment pourrais-je vous donner cet or ici ? je ne l'ai pas avec moi ; portez-moi jusqu'au lieu de mon séjour habituel dans la forêt ; c'est là que j'ai caché mon trésor ; à peine arrivé, je vous paierai intégralement. »

— « Dis donc, chien, il ne manquerait plus

que cela que j'aille porter une vilaine bête des jungles comme toi, que diraient les passants ? » — « S'il n'y a que cela qui vous arrête, enveloppez-moi dans les plis de votre manteau, et jetez-moi sur votre épaule. Ceux qui s'apercevront de quelque chose penseront que vous portez votre fils ou votre petit-fils. »

Le brahme, alléché par l'espoir des deux mille pièces d'or, qu'il voyait déjà entre ses mains, se prêta à la suggestion du chien ; il l'enveloppa dans sa robe, le jeta sur son épaule, et s'enfonça à grands pas dans la forêt, avec son fardeau.

En arrivant à la place désignée, le chien dit au brahme : « O maître, attendez-moi ici quelques instants ; je vais quérir les deux mille pièces d'or et je vous les apporte, incontinent, pour vous récompenser de votre bonté envers moi »; en disant ces mots, il s'enfonça au plus profond de la forêt aussi rapidement que possible, et sans se retourner.

Le brahme attendit le coucher du soleil à la même place et rien ne vint; puis il s'étendit sur la terre pour la nuit. Le matin vint, toujours rien ; il attendit encore toute la journée du lendemain sans plus de résultat. Enfin, un voyageur qui passait par là, le voyant ainsi debout et immobile, les yeux toujours fixés du côté par lequel le chien était parti, lui demanda ce qu'il attendait ainsi. Naïvement, le brahme lui raconta toute l'histoire, et le chien épargné, et les deux mille pièces d'or promises. « Ma foi, dit alors le voyageur non sans mépris, vous êtes encore plus bête que ce chien. Comment avez-vous pu croire un seul instant à une pareille promesse venant d'une pauvre brute qui ne peut même pas se procurer sa misérable pitance ? Ce que vous avez de mieux à faire est de rentrer chez vous et de ne pas vous vanter de l'aventure ! »

Le brahme se décida à suivre ce sage conseil, très humilié, mais guéri de sa folie, et prêt à suivre les conseils de la sage Thoudamma Sâri qui ne cesse de répéter : « Hommes, qui voulez mériter le nom de sages, gardez-vous de mettre votre confiance dans des personnes qui en sont indignes ; avant de vous fier entièrement à quelqu'un, pesez bien et considérez bien la valeur vraie du confident que vous allez choisir. Sinon, vous serez comme ce brahme que la malice d'un misérable chien sut jouer, et tourner si complètement en ridicule ! »

LE RUBIS PERDU

« Les ruses des voleurs
sont bien nombreuses,
mais la clairvoyance d'un
juge habile doit, et peut
toujours parvenir à les
déjouer. »

Pendant l'ère de Tanengara, qui fut le premier des Bouddhas, vivait un brahme
extrêmement riche, lequel avait pour toute
descendance, à son grand regret, une fille
unique nommée Sikta Kommari.

Celle-ci, ayant à peine quinze ans, au lieu
des grâces et des vertus naturelles à cet âge,
se mit à montrer un caractère sournois et
un penchant des plus marqués vers la cupi-
dité et l'avarice ; si bien qu'un jour elle se
tint à elle-même le discours suivant : « Mes
parents n'ont pas, j'en suis sûre, la moindre

affection pour moi, leur richesse est grande
et ils refusent de me rien donner ; point de
bijoux ni de parures, et jamais le moindre
présent, au lieu que toutes mes compagnes,
même pauvres, ont de l'or et des pierres
précieuses ; s'ils venaient à mourir, comme
je ne suis qu'une femme et ne puis hériter,
tous leurs biens reviendraient au Trésor
royal, et, à moins que le roi ne consente à me
laisser quelque chose, je serais, pour le
restant de mes jours, pauvre et sans res-
sources. » Ces réflexions lui trottaient par
la tête, incessamment, si bien qu'un jour,
elle profita d'un moment où ses parents
avaient été jusqu'à la rivière faire leurs ablutions, et où les serviteurs étaient dans le
jardin, pour mettre la main sur un rubis
d'une inestimable valeur qu'elle savait caché
dans le lit paternel, sous les matelas ; puis
elle enfouit le précieux bijou dans une
cachette connue d'elle seule.

Le brahme était au bord de l'eau, tranquillement occupé à changer de vêtements
après son bain, quand, tout à coup, l'idée du
rubis vint à lui traverser l'esprit et il deman-

da à sa femme s'il était toujours bien dans le lit, au même endroit. Celle-ci répondit qu'elle le pensait, mais, qu'à dire vrai, elle avait oublié de s'en assurer en sortant de la maison. A cette réponse, pris d'inquiétude, il passa en hâte ses vêtements, et se dirigea en courant vers la maison.

La fille du brahme, après avoir soigneusement caché le rubis, s'était mise à préparer de l'eau, afin de laver, selon l'usage, les pieds de ses parents à leur retour, quand son père arriva, courant à perdre haleine. Sans dire un mot, il alla droit à la cachette et la trouva vide. Poussant un cri d'étonnement, il dit à sa fille : « Chère enfant, pendant que nous étions au bain, n'as-tu pas pris le rubis qui était sous notre matelas ? » — « Mais non, mon père, répondit la rusée coquine, je ne sais même pas ce que vous voulez me dire. »

Une altercation s'en suivit; la mère, revenue à son tour, s'en mêla et bientôt toute la famille, suivant le bord de la rivière, se rendit au pavillon occupé par le juge du village, pour le prier d'ouvrir une enquête. Mais celui-ci refusa absolument de satisfaire les parties, donnant pour raison qu'il était impossible qu'une fille unique, aussi jeune et paraissant anssi accomplie, volât ses parents comme une vulgaire criminelle, que le bijou devait être perdu, qu'il fallait le chercher mieux; bref, il leur ferma sa porte au nez et rentra dans ses appartements.

Le brahme, mécontent, en appela alors au Gouverneur du district qui partagea entièrement l'avis du premier juge. Plus mécontent que jamais, et résolu à obtenir justice, le brahme fit alors directement appel au Roi du pays. Celui-ci, qui aimait le brahme, lequel avait été, jadis, son précepteur, fit mander le chef de ses nobles et lui déclara que si, dans les sept jours, il n'avait pas débrouillé l'affaire, il le dégraderait.

Bien qu'accoutumé à la sévérité de son maître qui ne plaisantait pas avec la justice, celui-ci tomba, cette fois, dans un abattement profond. Ce que voyant, sa fille, princesse gracieuse et d'une intelligence supérieure à son âge, lui en demanda doucement la raison, tout en rafraîchissant, de l'éventail, son front brûlant :

« La raison, dit-il, c'est qu'il existe une famille composée du père qui est un brahme, ancien précepteur du roi, de sa femme et de leur fille unique. Ces gens-là ont perdu un rubis d'une grande valeur, volé ou égaré, l'on ne sait, et si, dans sept jours, je ne réussis pas à le retrouver, le roi m'a dit qu'il me dégraderait de mon rang et de mes honneurs. » — « Vas dire de suite au roi, répondit-elle sans hésiter, que je saurai tout dans le délai fixé. » Le chef des nobles rapporta cette conversation au roi, lequel, d'un signe de tête, accompagné d'un sourire où perçait l'ironie, fit signe qu'il acceptait l'arrangement.

La princesse demanda alors à son père de mettre à sa disposition un secrétaire, à la fois intelligent et très discret, ce qui fut fait. Elle envoya, ensuite, chercher le brahme et sa femme à l'insu de leur fille et leur dit : « Comment et pourquoi avez-vous amassé les grandes richesses qui vous appartiennent? — L'origine de notre fortune est simple, répondirent-ils; depuis le jour où nous nous sommes mariés, nos récoltes ont été belles et nous n'avons cessé d'amasser et d'économiser, vivant simplement, dans le but que les enfants que nous pourrions avoir ne connaissent jamais les atteintes de la pauvreté. » Le visage honnête de ces braves gens confirmait leurs paroles. Après quelques autres questions de ce genre, elle les renvoya, leur recommandant de garder le secret de cette entrevue, puis elle envoya quérir leur fille, et se mit à la questionner prudemment, ayant bien soin de ne pas l'effrayer, et de ne lui parler qu'incidemment du rubis perdu.

Peu à peu, l'interrogatoire se changea en causerie intime, et soudain, la fille du brahme, comme poursuivie par une idée fixe, lui dit : « Ne sommes-nous pas malheureuses, nous autres femmes? si nos parents, à vous ou à moi, venaient à mourir, nous n'aurions, de toutes leurs richesses, que ce que le roi voudrait bien consentir à nous en laisser. » Puis elle se tut, comme absorbée dans ses sombres réflexions. Le secrétaire, dissimulé derrière un épais rideau, avait noté avec soin ses paroles. Après

quelques moments de silence, la princesse
fit entrer la jeune fille dans sa propre cham-
bre, l'invitant à se reposer et à prendre un
léger repas; puis elle fit appeler dans une
autre salle le brahme et sa femme, et recommença à les interroger. Mais ce fut en vain;
à toutes les questions qu'elle leur posait,
ceux-ci ne cessaient de répéter : « Nous ne
comprenons pas ce que vous demandez;
quelle que soit l'étendue de nos richesses,
argent, terres ou bijoux, tout cela n'est-il pas
uniquement destiné plus tard à nos enfants?
l'emporterons-nous sous terre, dans notre
tombeau? » Le secrétaire, caché, avait également noté ces paroles, qui prouvaient bien
l'excellence de leur cœur.

Dès ce moment, l'opinion de la princesse
était faite : le bijou était bien entre les mains
de Sikta Kommari ; mais le plus difficile
n'était pas fait : restait à l'obtenir. Pour ce
faire, elle eut vite conçu un plan, et renvoya,
d'abord, chez eux, les excellents parents,
leur demandant seulement, de lui laisser
leur fille pour quelques jours, ce à quoi ils
consentirent sans difficulté.

Les deux femmes, à partir de ce moment, vécurent, unies et en bonne amitié ; elles prenaient ensemble leur repas, et passaient les heures chaudes de la journée à l'ombre des grands arbres du jardin, près de la pièce d'eau claire, où, le soir, elles prenaient leur bain, au milieu des fleurs de lotus. La princesse, qui observait les moindres actions de la jeune fille, et la voyait, parfois, taciturne, sans raison, ne cessait de se dire : « Aucun « doute pour moi que le rubis ne soit entre « ses mains : mais comment m'y prendre « pour l'amener à me le remettre ? »

Elle s'en fut, de guerre lasse, trouver son père, et lui dit que s'il voulait lui confier pour quelque temps le rubis magnifique qu'il possédait dans son trésor, elle pourrait recouvrer celui du Brahme. Sa demande fut accueillie avec empressement, et quand elle eut le précieux joyau, elle retourna vers la jeune fille, et s'appliqua à lui faire mille bonnes grâces, afin de gagner de plus en plus sa confiance. Quand elle crut avoir tout à fait réussi, un matin qu'elles devisaient doucement sous l'ombre propice d'un banyan,

aux tiges multipliées, elle lui mit soudain
son rubis sous les yeux. La jeune brahmine,
à la vue de cette splendide pierre, étince-
celant de mille feux, poussa un cri d'admiration, et lui demanda si c'était à elle : « Ce
« rubis est à mon père, dit alors la princesse
« en baissant la voix, mais je vous crois mon
« amie, et je vous dirai en confidence, que
« je m'en suis emparé secrètement, il y a
« quelques mois, parce que si mes parents
« venaient à mourir, il deviendrait la pro-
« priété du roi et serait perdu pour moi.
« Comme cela, je suis sûre de l'avoir. » —
« J'en ai un, moi aussi, répondit aussitôt sa
« compagne, qui n'était plus sur ses gardes,
« et obtenu tout à fait de la même manière. »
— « Est-ce possible ? Alors, nous avons eu
« la même pensée, et la même ruse. Heureu-
« sement, qu'ici, personne ne peut, même
« me soupçonner ; mon père ne s'est jamais
« aperçu de mon larcin. Si vous le voulez,
« mettons nos rubis ensemble, je veillerai
« si soigneusement sur le dépôt que per-
« sonne ne sera jamais capable de découvrir
« notre crime. »

La jeune fille qui craignait d'être découverte, et qui commençait à être embarrassée
de son bijou, y consentit immédiatement,
et remit son rubis à la princesse.

Celle-ci, sous un prétexte habile, envoya
sa compagne chez ses parents, et courut
déposer le bijou aux pieds de son père, en
même temps qu'elle lui rendait le rubis qu'il
lui avait prêté. Emerveillé, celui-ci demanda
au secrétaire comment cela s'était passé :
pour toute réponse, le fidèle serviteur lui
lut en détail les interrogatoires des parents,
ceux de la fille, et lui fit, en un mot, le récit
de l'affaire que sa fille complèta alors ver-
balement, en ce qui concernait la scène
finale du jardin : « Vraiment, ma fille est
« une créature pleine de sagesse, » s'écria
le ministre, et il partit sur le champ pour
remettre le rubis au roi, accompagné de sa
fille et du secrétaire muni de ses papiers, et
pour l'informer que c'était, non grâce à lui,
mais grâce à la sagacité de son enfant, que
le bijou avait été retrouvé.

Quand on remit le rubis au brahme,
celui-ci absolument stupéfait, demanda au

roi où on l'avait trouvé. — « Dans votre
« œil, répondit celui-ci », et, dès le lendemain, il fit asseoir, à côté de lui, sur le
trône, comme reine du pays, la fille de son
ministre qui avait montré tant de sagesse et
de sagacité, en suivant pas à pas les conseils
de la princesse Thoudamma Sâri qui a dit :
« Juges, qui voulez être vraiment sages,
« avant de rendre une décision quelconque,
« faites une enquête complète, minutieuse
« et détaillée, sur les cas qui vous sont sou-
« mis, et que la sagesse brille en vos juge-
« ments ! »

LE JUGEMENT CRUEL

Le vrai juge doit être
équitable, mais, jamais,
cruel.

Il y avait, une fois, un chien et une
chienne, qui vivaient à l'état presque sauvage, dans une épaisse forêt : au bout d'un
certain temps, il leur naquit trois petits, un
mâle et deux femelles, et leur bonheur était
complet. Pourtant, à la longue, la discorde
se mit dans le ménage, et, au lieu d'éterniser leur querelle, ils décidèrent, en sages
bêtes qu'ils étaient, de se séparer à l'amiable,
et de tirer chacun de son côté.

Une fois cette résolution prise, ils se
mirent à faire le partage de ce qui leur
appartenait : chacun d'eux prit une petite
femelle, mais, quant au mâle qui restait,

tous deux prétendaient l'avoir. Incapables de s'accorder, ils se rendirent à la demeure d'un tigre, et le prièrent de se faire l'arbitre de leur dispute. — « Alors, dit celui-ci, après « les avoir écoutés, vous êtes venus me « demander de faire le partage. C'est bien « entendu, vous le voulez » ? Et comme malgré l'inquiétude que ces paroles un peu sèches avaient éveillée en eux, ils faisaient signe que tel était leur désir : « Fort bien, dit-il, je vais le faire ! ». — Il donna, alors, une des petites femelles au père et une à la mère : puis, coupant en deux, par le milieu, le corps du mâle, il jeta une moitié toute sanglante à chacun des parents. Ceux-ci poussèrent alors des aboiements plaintifs dont retentirent les échos de la forêt : « Oh, seigneur tigre, vous avez bien fait un partage, mais vous n'auriez pas dû le faire si cruellement », et jetant les débris sanglants du corps de leur pauvre petit aux pieds du tigre, ils rentrèrent ensemble sous bois, ne pensant plus à se séparer, et réconciliés par leur commune douleur.

————◦◦✦◦◦————

LA SAGESSE DU LIÈVRE

Aucune amitié ne saurait être durable sans concessions mutuelles des deux parts.

Il y a bien longtemps, dans un riche pays arrosé par le Gange, un chacal et une loutre s'étaient liés d'amitié et passaient tout le temps dans la compagnie l'un de l'autre, en parfait accord. Un matin qu'ils marchaient ensemble, le long de la rivière, par un beau soleil, cherchant à se procurer quelque nourriture pour leur repas du milieu du jour, la loutre réussit à attraper, à la faveur des roseaux de la rive, un joli poisson, et les deux amis se mirent, incontinent, à en faire le partage :

« Moi, dit la loutre, je prendrai la tête et le ventre.

« — Mais, répondit le chacal, c'est justement ce que j'allais choisir ».

Et là-dessus, contrairement à leurs habitudes et aux règles de toute bonne amitié, ils en vinrent à se disputer. Finalement, ne pouvant s'entendre, ils convinrent d'aller soumettre leur cas à un certain lièvre du voisinage qui avait une très grande réputation de sagesse : c'était ce lièvre qui était destiné, dans une de ses existences ultérieures, à devenir Bouddha [1]. Le sage animal écouta posément leurs explications, puis il leur dit avec une sorte de tristesse :

« Voyons, y a-t-il là, vraiment, pour deux vieux amis comme vous, de quoi se disputer? Serait-il juste que votre amitié, jusqu'à présent si solide, en vînt à être brisée pour

1. Ceci est une allusion directe à Gautama Bouddha, le dernier Bouddha, le seul historique. Suivant la légende, il avait été incorporé sous la forme d'un lièvre dans une de ses existences antérieures.

une pareille misère, alors qu'il est si facile d'arranger les choses. Chaque fois que la loutre attrapera un poisson, partagez-le toujours de la façon que je vais vous montrer. »

Et fendant le poisson de la tête à la queue, il le remit ainsi partagé à la loutre et au chacal, qui s'en furent ensemble, heureux et contents.

Cette fable fait ressortir la sagesse des enseignements de la princesse Thoudamma-Sari, quand elle dit dans ses instructions :

« Rois, nobles et magistrats, vous devez dans vos jugements prendre modèle sur ce lièvre, qui devint Bouddha. Ne laissez jamais la convoitise s'éveiller autour de vous ; donnez à chacun ce qui lui est dû : que l'équité préside à vos décrets ! Ceux qui ne se conformeront pas à ces préceptes n'arriveront jamais à la demeure des bons Nats [1]. »

---

1. Les Nats birmans sont les Dewas de la mythologie hindoue. (Voir la préface.)

LES QUATRE BRAHMES

*Il ne faut jamais con-
voiter le bien d'autrui.*

« Ne jamais convoiter le bien d'autrui »,
est un principe de morale qui ne saurait être
impunément violé, si l'on veut s'élever sûrement vers la perfection, du moins celle qui
est permise à l'homme ici-bas. Car, même
pour un religieux, versé dans l'étude des
sages enseignements du Bouddha, il n'est
pas de véritable sagesse, tant qu'il n'a pas
dégagé son esprit de toute convoitise ter-
restre. C'est ce que montre le récit qu'on
va lire !

C'était pendant l'ère du 13ᵉ Bouddha, Thoumana : il y avait alors, au pays de Tingata-
nago, quatre Brahmes renommés dans le pays
pour leur science, et qui étaient liés ensem-

ble d'amitié. Chacun d'eux était possesseur de cent pièces d'or, qu'ils gardaient en cas de besoins imprévus, afin de pouvoir se livrer, sans souci matériel, et sans crainte pour le lendemain, à leurs études et à leurs méditations. Leur existence était commune : ils prenaient ensemble leurs repas : leur maison était toute simple, entourée d'ombrages épais, loin de la grande route et des bruits du dehors.

Un jour qu'ils devaient se rendre, de compagnie, à la rivière qui coulait au creux du vallon, assez loin de leur demeure, ils convinrent de mettre leur argent ensemble, dans une cachette, au pied d'un arbre, afin de ne pas s'en embarrasser en route, certains de le retrouver, à leur retour du bain. Ils chargèrent le plus jeune d'entre eux d'enterrer les quatre cents pièces d'or.

Celui-ci, sous l'impression d'une pensée mauvaise, éclose en son âme comme une plante d'ivraie dans un champ fertile, ne déposa que trois cents pièces dans la cachette, et plaça son propre trésor un peu plus loin. Il espérait qu'au retour ses trois amis, loin de le soupçonner, s'imagineraient qu'un voleur était passé par là, et propose-raient de partager la somme restante en quatre parties égales : il reprendrait alors son trésor, ainsi augmenté, et irait à la ville prochaine goûter des plaisirs mondains, pour lesquels son esprit paraissait mieux fait que pour les pénibles pratiques de l'ascé-tisme et de la méditation, dont il avait, au fond, par dessus la tête.

Au retour du bain, le jeune brahme se rendit à la cachette, et peu après, on le vit courir vers la maison, agitant les bras, et criant qu'il ne retrouvait que trois des petits sacs de coton blanc, contenant l'humble fortune des solitaires, et que comme un fait exprès, c'était justement le sien qui man-quait : bref, de but en blanc, il leur proposa de partager également, entre eux tous, la somme qui restait, afin de l'indemniser de sa perte. Surpris de cette demande un peu insolite, et qu'il paraissait devoir être le dernier à faire, s'il avait eu un peu de déli-catesse naturelle, les trois brahmes refu-sèrent, non pas tant pour l'argent, dont au

fond, ils n'avaient pas grand cure, les pauvres hères, que pour le doute qui s'était
glissé en eux. « Après tout, lui dirent-ils,
« c'est lui qui avait charge de la cachette :
« pourquoi seraient-ils victimes d'un acci-
« dent où ils n'étaient pour rien? »

Ils s'en allèrent alors, suivant l'usage du
pays, trouver le juge du village voisin, afin
de lui exposer leur cas, et lui demander de
trancher le différend. Celui-ci, un peu surpris de cette étrange affaire, ne se donna
pas la peine de pousser bien loin son enquête,
et pour en être débarrassé plus vite, se contenta d'ordonner le partage égal de la somme
restante entre les quatre plaideurs. Piqués
au jeu, et voulant après tout, savoir la vérité,
les trois brahmes refusèrent de se soumettre
à la décision du juge, et bien que pressés de
rentrer dans leur humble demeure, pour
reprendre leurs pieux travaux, ils se rendirent chez le gouverneur du district, lequel
les renvoya directement, accompagnés de
leur jeune compagnon, à la cour de justice
du roi.

Celui-ci les écouta patiemment, en per-

sonne, et finit par confirmer la sentence
du juge du village. Quand il eut cessé de parler, les brahmes restèrent un moment immo-
biles, se regardant les uns les autres, en
silence : puis des murmures se firent entendre et, finalement, le plus âgé d'entre eux
se fit l'interprète du mécontentement avec
lequel cette royale sentence était accueillie.
Le roi, comprenant vaguement qu'il se passait quelque chose d'étrange, demandant
une enquête détaillée et plus approfon-
die, manda son premier ministre, et lui
donna ordre de tirer cette affaire au clair, le
menaçant, si dans sept jours, il n'était pas
arrivé à obtenir le mot de l'énigme, de le dé-
grader, comme manquant de la clairvoyance
nécessaire à l'exercice de ses hautes fonctions.

Le ministre, qui savait que son royal
maître n'avait qu'une parole, se mit à interroger l'un après l'autre les brahmes et à
instruire l'enquête de son mieux. Hélas,
plus il travaillait, plus tout s'embrouillait
dans sa pauvre tête, et quand la nuit vint à
couvrir le palais de ses ombres, il n'était

pas plus avancé qu'au premier moment. Sa gracieuse fille, Tsanda Kommari, qui l'aimait beaucoup, ne tarda pas à remarquer avec une vive inquiétude, son accablement. « Cher seigneur, lui dit-elle en l'éventant « doucement pour rafraîchir son front enfié- « vré, qu'avez-vous donc qui vous chagrine « si profondément ? » — « Ah ! ma chère fille, « répondit-il, ce qui m'accable c'est que le « roi m'a chargé d'éclaircir une affaire très « obscure, concernant ces quatre brahmes, « et que si, dans sept jours, je n'y ai pas « réussi, je perdrai tout, mes honneurs et « mon rang. » — Et il lui raconta l'histoire dans les plus grands détails : « Ne craignez « rien, mon père, c'est moi qui me charge de « découvrir, et cela avant sept jours, lequel « de ces hommes a commis le vol. Veuillez « seulement me faire construire, sans retard, « un grand pavillon temporaire, en bambous « légers, dans un coin isolé du jardin, et je « réponds du succès ! »

Le ministre s'empressa de donner des ordres en conséquence, et bientôt, un pavillon léger s'éleva dans le jardin à l'endroit indiqué. La jeune fille plaça, alors, chacun des brahmes à l'un des quatre coins, et s'assit elle-même au milieu, avec sa suivante favorite, sur une natte recouverte d'un brillant tapis.

Le soir venu, alors que le jardin tout entier était baigné dans les rayons d'argent de la lune, et qu'un profond silence régnait tout alentour, elle pria les brahmes de lui faire la grande faveur de vouloir bien disserter, devant elle, sur un sujet savant quelconque, celui qui leur serait le plus familier, soit se rapportant à l'une des dix-huit branches des connaissances humaines, soit relatif aux questions d'histoire, de morale, ou de philosophie, dont l'étude est réservée aux sages et aux religieux, à l'ombre des monastères. A cette invitation tous les quatre baissèrent la tête, et ne répondirent que par le silence. Enfin, le plus âgé se hasarda à répondre d'une voix timide : « Femme, dit-il, « nous sommes, à notre grand regret, incapables d'exaucer votre vœu, car nous « craignons que l'un de nous n'ait commis un « crime ; il porte en sa poitrine, un cœur plein

« de fourbe et de malice ; et nous ne savons,
« hélas, si nous pouvons réellement l'ac-

« cuser. Tant qu'il en sera ainsi, étant impurs,
« il nous est interdit d'exercer les fonctions
« sacrées de la prédication et de l'enseigne-

« ment. C'est vous, princesse, que la renom-
« mée nous a appris être versée profondément
« dans les choses de la philosophie et de la
« morale, malgré votre jeune âge, c'est vous
« qui pouvez au contraire, nous parler, ce
« soir, pour notre instruction. » — « Hélas,
« reprit-elle, je ne suis qu'une humble igno-
« rante, auprès de vous, et ne saurais
« disserter utilement devant ceux qui sont,
« ici-bas, mes maîtres spirituels. Mais si
« cela peut vous faire plaisir, je puis vous
« raconter une simple histoire », et ceux-ci
ayant acquiescé silencieusement du geste,
elle leur fit alors le récit suivant :

LA PROMESSE BIEN GARDÉE

Jadis, au pays de Tekkatho [1], il y a longtemps de cela, un prince, un jeune noble et
le fils d'un pauvre homme du pays, recevaient ensemble leur instruction dans un
monastère, avec la fille d'un homme de
qualité célèbre par ses richesses.

1. L'ancienne Taxila de Ptolémée.

Un jour que celle-ci écrivait, sur ses feuilles de palmier, la leçon de son professeur,
elle laissa tomber son poinçon d'argent, et
apercevant le jeune prince juste au-dessous
d'elle, elle le pria de vouloir bien le lui ramas-
ser. Celui-ci qui avait déjà été frappé de la
beauté de sa compagne, se garda bien de
laisser passer une si bonne occasion ; il se
pencha vers elle et lui dit, tout bas, en souriant : « Je vais vous le donner, mais c'est à
« une condition. Je vous aime : promettez-
« moi que dès que vous serez retournée chez
« vos parents, vous viendrez me retrouver à
« la cour de mon père, et c'est à moi que vous
« laisserez cueillir votre fleur virginale. »
Celle-ci hésita d'abord, mais comme elle
même n'était pas insensible à l'amour du
prince, elle lui fit, en rougissant, la promesse
qu'il lui demandait. Le jeune prince lui ten-
dit alors son poinçon : en le recevant, elle
répéta encore : « Soyez sûr que je tiendrai ma
« promesse. »

Une fois ses études terminées, la jeune fille
retourna chez ses parents ; de son côté, le
prince regagna son pays. A la mort de son

père, qui survint quelque temps après son retour, il lui succéda sur le trône ; les charges et les soucis du pouvoir lui firent bientôt oublier l'amour de sa jeune compagne et la douce promesse qui lui avait été faite.

Mais il n'en était pas de même de la jeune fille. Ses parents lui ayant, selon l'usage, choisi un époux, elle se soumit respectueusement ; mais après le mariage, elle prit à part son mari et lui demanda humblement la permission de s'absenter quelques jours, afin, lui dit-elle, de racheter une promesse qu'elle avait faite jadis, et comme il l'interrogeait, elle lui raconta la promesse faite au prince au monastère de Tekkatho : « J'irai, « dit-elle, et en apprenant mon mariage, il « me relèvera de mon serment. »

Son mari, réfléchissant combien une promesse constitue un lien sacré pour les prêtres comme pour les laïques, lui octroya la permission demandée. Il était triste, mais il avait confiance qu'elle lui reviendrait pure et digne de lui. Elle toucha alors humblement ses pieds avec sa chevelure, et après

s'être couverte de ses bijoux et de ses plus
beaux habits, elle se mit en route, avec une
seule suivante.

Au cours de son voyage, elle vint à rencon-
trer un voleur de grand chemin qui la saisit
rudement par la main en lui disant: « Où
« allez-vous ainsi ? quelle affaire peut avoir une
« femme pour voyager ainsi presque seule sur
« les grandes routes ? allons, vite, ces habits,
« ces bijoux, donnez-moi tout cela ! Mais, vrai-
« ment, je suis intrigué : où diable allez-vous
« comme cela ? — Mes habits et mes bijoux
« sont à vous, dit la jeune fille, je ne puis
« rien pour me défendre, étant faible et isolée.
« Quant au but de mon voyage, je n'ai pas de
« raisons pour vous le cacher. Etant à l'école
« à Tekkatho, j'ai promis à un jeune prince de
« lui rendre visite, dès que je serais rentrée
« chez mes parents et comme, si j'avais violé
« ma promesse, j'aurais été privée, pour tou-
« jours, d'entrer dans la demeure des sages es-
« prits et des bons Nats, j'ai demandé à l'époux
« que mes parents m'ont donné la permission
« de tenir ma parole, et j'étais en route pour
« le faire quand je vous ai rencontré. » Le vo-

leur, ayant entendu ces paroles, ne put s'empêcher d'admirer cette fidélité touchante,
unie à tant de grâces, et ne voulant pas mettre obstacle à ses projets, il se contenta de lui
faire promettre de se présenter devant lui à
son retour, et la laissa libre de continuer sa
route, sans toucher à un seul des riches bijoux qui ornaient ses bras et son col gracieux.

Ainsi échappée des mains du voleur, elle
arriva à un grand arbre, un Banyan, à la
lourde verdure, dans les branches duquel
était assis le Nat préposé à sa garde. Il l'arrêta d'un geste et lui demanda où elle allait,
se préparant à descendre pour l'attirer près
de lui : « Seigneur, lui répondit-elle, voici
« la raison qui m'amène en votre présence »,
et elle lui raconta la même histoire qu'au
voleur. Le Nat, plein d'admiration, lui fit de
même promettre de se présenter devant lui
à son retour, et la laissa partir.

Quand elle arriva enfin au Palais, le Nat,
préposé à la garde du royal logis, lui ouvrit
toutes grandes les portes, en témoignage de
respect pour sa fidélité à sa promesse, et
elle parut sans retard devant le roi qui ne

reconnaissant pas en cette belle jeune fille,
si magnifiquement parée, la compagne de ses
premières années, lui demanda l'objet de sa
visite · « O roi, répondit-elle en rougissant,
« je suis la jeune fille qui vous a fait une pro-
« messe, quand nous étions élevés ensemble
« au monastère de Tekkatho. Quand je suis
« rentrée chez mes parents, ceux-ci m'ont ma-
« riée, et c'est avec la permission de mon
« mari que je suis venue à vous. Me voici,
« prête à tenir ma promesse ! »

« — Vraiment, voilà qui est admirable, dit
« le roi, à sa cour : cette jeune fille donne
« l'exemple d'une fidélité à sa parole digne de
« toute admiration ! » Prenant alors des présents magnifiques, colliers de perles fines, et
bagues de grand prix, il lui en fit le don gracieux, en les accompagnant de ces mots flatteurs : « Je vous offre ces présents comme un
« hommage rendu à votre loyauté : retournez
« auprès de votre époux je vous relève de vo-
« tre promesse ; mon admiration égale mon
« respect. »

La jeune fille, chargée de richesses et le
cœur radieux, se mit donc en route, accom-

pagnée jusqu'aux portes de la ville par une
brillante escorte. Elle arriva bientôt auprès
du grand banyan : « Seigneur Nat, dit-elle
« alors, d'une voix mélodieuse comme celle
« du Karaviek sacré, dormez-vous, ou êtes-
« vous éveillé ? J'ai rempli ma promesse
« envers le prince, et je m'en retourne chez
« mes parents J'ai donné ma parole de me
« présenter devant vous à mon retour : me
« voici, ma vie est entre vos mains. » Le Nat
entendit sa voix, et descendit des hautes
branches où il sommeillait. Son étonnement
paraissait extrême : « Fille, lui répondit-il, il
« est vraiment dur, lorsqu'on a, une première
« fois, échappé à un danger, de revenir l'af-
« fronter, de nouveau volontairement! » —
« C'est vrai, dit-elle alors, mais si par crainte
« de ce danger, ou par un trop grand atta-
« chement à la vie, j'avais failli à la promesse
« que je vous avais faite de revenir, je serais
« tombée, sûrement plus tard, dans un des
« quatre états de châtiment, réservés aux
« gens sans parole, et j'aurais été certaine
« de n'atteindre jamais la demeure des bons
« esprits. »

Le Nat, malgré les désirs charnels qui le tourmentaient, à la vue de cette jolie fille qui était à son entière discrétion, fut séduit par sa sagesse plus encore que par sa beauté : il lui offrit une coupe d'or ciselé, ornée des signes du zodiaque, comme un hommage à sa fidélité, en lui souhaitant d'en jouir pendant de longues années, et remontant sur les branches du Banyan, il lui fit signe, de la main, de continuer son chemin en paix.

En quittant l'arbre du Nat, la jeune fille se rendit tout droit au repaire du voleur qu'elle trouva profondément endormi : « C'est moi, « lui dit-elle, qui suis venue pour remplir ma « promesse, ma vie vous appartient, comme « toutes les richesses que je porte avec moi ! »

— « Voilà, sur ma parole, s'écrie celui-ci, « quelque chose de prodigieux ! Je n'en reviens « pas. Comment, c'est vous ! eh bien, jeune « fille vous pouvez dire que vous avez tenu la « promesse la plus difficile à tenir qu'il y ait « en ce monde. Pour sûr, si je faisais le moin- « dre mal à une personne telle que vous, il « m'arriverait malheur ! Reprenez bien vite

« votre chemin ! Les bons Nats sont avec
«vous ! » — Et il la laissa partir ainsi, la
suivant des yeux aussi loin que cela lui fut
possible, et comme perdu dans son admiration.

Quelques jours après, elle arriva sans
autre incident à la demeure de son époux
qui l'attendait fort anxieux, et qui fut enivré
de joie en la revoyant saine et sauve, et un
doux sourire sur les lèvres. Après avoir
entendu, de sa propre bouche, le merveilleux
récit de ses aventures qu'elle lui fit sans en
rien omettre, le jeune époux lui décerna les
plus grands éloges, et la conduisit, tout
heureux, chez ses parents auprès desquels,
ils vécurent, désormais, dans le bonheur et
le contentement !

Le conte terminé, Tsanda Kommari, après
un long silence, où tous semblaient plongés
dans leurs réflexions, demanda successive-
ment aux quatre brahmes quel était celui des
personnages, mentionnés dans le récit, dont
ils admiraient le plus la conduite.

« Moi, dit le plus âgé des quatre, je donne
« la palme au prince dont la conduite fut en

« si parfaite concordance avec les dix lois
« que les rois ont pour devoir d'observer :
« je l'admire d'autant plus qu'il était jeune,
« ardent, tout-puissant, et que, pourtant, il
« sut se dominer pour ne pas prendre, au
« détriment de l'époux, cette fleur de virgi-
« nité qui lui avait été promise. »

Le second brahme donna la préférence au
Nat gardien du Banyan : « Je le loue, dit-il,
« d'avoir fait présent d'une coupe d'or à la
« jeune fille et d'avoir pu, lui un esprit des
« forêts, maîtriser son ardeur brutale, dans
« une occasion, où certes, n'importe quel
« mortel, sans avoir les passions ardentes
« d'un faune, aurait eu la plus grande peine
« à le faire. »

— « Moi, c'est à l'époux que je donne
« toutes mes louanges, dit le troisième : son
« cœur, plein de la beauté de sa jeune épouse,
« était pareil à un vase de cristal rempli
« d'une eau limpide, dans laquelle un bril-
« lant rubis aurait été plongé : il était jeune
« et ardent ; pourtant il avait su courber
« ses désirs sensuels, et quand sa femme lui
« a demandé la permission de s'éloigner, le

« soir même de son mariage, il l'a lui a accor-
« dée sans hésiter. C'était, vraiment, d'une
« âme noble et d'un cœur élevé. »

Puis, ce fut le tour du jeune brahme à
parler, et la princesse redoubla d'attention :
« Pour moi, dit-il, celui qui me semble le
« plus louable en toute cette affaire, c'est le
« voleur ! ces gens risqueraient jusqu'à leur
« vie pour obtenir de l'argent, et ce ne sont
« pas d'ordinaire les scrupules qui les em-
« barrassent : le seul fait qu'un homme de
« cette espèce a laissé passer à portée de
« ses mains, sans en rien détourner, cet or,
« ces colliers, ces diamants, ces coupes
« ciselées et ces riches habits, ce seul fait,
« prouve l'excellence de son esprit et la
« générosité de son cœur. C'est à lui que
« j'accorde tous mes éloges. »

Puis chacun garda le silence. La confi-
dente de la Princesse, se plaçant tout près
d'elle, lui dit, alors, tout bas : « Fille de
« notre Seigneur, ne vous semble-t-il pas
« étrange que les trois brahmes louent,
« comme nous le faisons nous-mêmes, le Nat,
« le prince, et le mari, et que le plus jeune

« au contraire ne trouve d'éloges que pour
« le voleur ? » — « Non, répondit celle-ci, sa
« réponse est bien d'accord avec les disposi-
« tions de son esprit : elle me prouve claire-
« ment que c'est lui qui a pris l'argent de ses
« amis. Nous en aurons, d'ailleurs, bientôt
« la preuve : rendez vous dans mes apparte-
« ments, couvrez vous de mes habits et ar-
« rangez vous de façon à me ressembler
« complètement. Ceci fait, vous irez dans le
« jardin trouver le jeune homme quand il
« sera seul, et vous lui tiendrez le discours
« suivant : « Ami, les discours que les trois
« autres brahmes ont prononcé ne sont que
« des radotages, mais, vous, votre sagesse
« est grande et me remplit d'admiration.
« Ecoutez, vous êtes célibataire, je vous aime,
« je vous propose de m'épouser, et comme
« il s'empressera d'accepter, vous ajouterez :
« Tout ira bien alors, mais comment ferons-
« nous pour vivre ? vous avez perdu votre
« argent, et moi, je n'ai que mes bijoux et
« quelques pièces d'or : Il sera nécessaire de
« nous éloigner, jusqu'au jour où je me serai
« réconciliée avec mon père, et où nous

« serons riches. Mais, jusque là, nous allons
« nous trouver sans moyens de subsistance. »
« Vous viendrez alors, sans perdre de temps,
« me redire ce qu'il vous aura répondu à ce
« moment. »

La jeune suivante suivit de point en point
ces instructions, et allant trouver le jeune
homme, elle lui tint, de sa plus douce voix,
le discours convenu. Celui-ci manifesta, de
suite, la joie la plus vive, et s'écria : « Ne
« soyez pas inquiète, mon amie, je n'ai rien
« perdu du tout : j'ai prétendu que j'avais
« perdu mon argent afin d'obtenir une par-
« tie de celui des autres. Mais j'ai assez pour
« subvenir longtemps à tous nos besoins,
« même si nous devions aller habiter, pour
« un temps, une partie éloignée du pays. »

Sous prétexte d'aller tout préparer pour
une fuite immédiate, la suivante courut rapporter à sa maîtresse cette étrange conversation.

Sans tarder, celle-ci se rendit près de son
père et lui annonça que l'affaire était arran-
gée, que l'argent qui manquait était entre
les mains du jeune brahme, ajoutant que si

elle pouvait avoir, pour quelques heures, une somme pareille à celle qui était perdue, elle parviendrait à se faire remettre les cent pièces d'or. Son père s'empressa d'acquiescer à son désir : elle remit alors cette somme à sa fidèle suivante, lui recommandant de la montrer au brahme, et lui dictant, en même temps, comme la première fois, le langage qu'elle devait tenir.

« — Combien avez-vous d'argent, dit celle-« ci au jeune homme qui l'attendait impa-« tiemment dans le jardin ? Moi, je n'ai qu'une « petite somme, cent pièces d'or : mais en y « ajoutant ce que vous avez, nous pourrons « vivre heureux. » Sans hésiter, celui-ci remit le sac contenant son argent, et quelques minutes après, sa maîtresse l'avait entre les mains. Remplie d'une vive joie, la jeune princesse dit alors : « Ma sœur, tout va bien : ne « perdons pas de temps ; allez trouver les « trois autres brahmes et demandez-leur leur « argent, au nom du roi. » Sans la moindre hésitation, chacun d'eux remit, aussitôt, ses cent pièces d'or à la jeune fille.

Quand le ministre annonça au roi qu'il

avait retrouvé la somme d'argent perdue, il
lui déclara, loyalement, que c'était, non pas
lui, mais sa fille, qui avait mené à bien cette
difficile opération.

Le roi fit alors comparaître devant lui la
jeune princesse et les quatre brahmes : « Sire,
« lui dit alors celle-ci, il y a eu dans cette
« affaire, une ruse coupable, et une grande
« imposture de la part d'un des plaideurs.
« Ces quatre brahmes sont tous doués de
« sagesse et de science : mais l'un deux n'est
« pas encore dégagé des liens de la matière.
« Or, l'esprit des mortels non régénérés,
« quels qu'ils soient, savants ou non, est
« susceptible de devenir l'esclave de la con-
« voitise, de la colère, de la passion. C'est
« ce qu'exprime ce passage de nos livres sa-
« crés : « D'abord l'oreille entend, et celle-ci
« donne à l'œil la tentation de regarder ; la
« convoitise du regard entraîne bientôt celle
« du cœur, et l'âme devient alors pervertie,
« uniquement attachée aux jouissances de ce
« monde passager : elle perd tout équilibre,
« et toute sérénité, et l'homme ainsi dévoyé,
« commet, sans frein ni remords, toutes

« sortes d'actions mauvaises, pour lesquelles
« il aura à subir de longues expiations dans
« une série de transmigrations futures à tra-
« vers l'infini des àges !

Ayant ainsi parle, elle s'inclina devant le
roi et déposa à ses pieds les quatre sacs contenant l'or des plaideurs. Sur son ordre, chacun d'eux prit le sien, et quand ce fut le
tour du jeune homme : « Comment, s'écria
« le roi, vous disiez que votre argent était
« perdu, et maintenant le voilà donc re-
« trouvé ? » Le coupable baissa la tète plein
de confusion : « Sire, dit la princesse les
« quatre brahmes vont retourner dans leur
« monastère reprendre leurs pieux travaux
« et leurs méditations. Le coupable, plein
« de repentir, a repris désormais, et pour
« toujours, la voie de la sagesse, et votre
« Majesté peut pardonner ! »

La fille du Génie, gardien de l'ombrelle
blanche, déployée au-dessus du trône ne
put s'empêcher de crier à haute voix : Bravo !
Le roi frappé d'admiration en présence de
tant de sagesse, fit de la jeune princesse la
reine de tout le royaume, pensant, avec

juste raison, que nulle, mieux qu'elle, ne pouvait juger les questions si diverses que l'on venait, de toutes les parties du monde, soumettre à sa décision suprême.

Juges, dans vos prétoires, déployez la même perspicacité, la même sagesse, dans l'examen et le jugement des causes que l'on soumet à votre tribunal !

Imitez les exemples donnés par la sage princesse Thoudamma Sâri.

LA FEMME INFIDÈLE

« Femmes qui oubliez
la foi jurée au compa-
gnon de votre existence,
écoutez ce qu'il advint à
la femme infidèle. »

Pendant l'ère de Thermayda, le seizième
Bouddha, qui, comme chacun sait, vécut
90, 000 ans, vivait, dans l'ile de Ceylan, un
jeune homme, dont le père possédait de grandes richesses. Quand il fut arrivé à l'âge nu-
bile, ce jeune homme devint amoureux de la
fille d'un autre habitant du pays, également
fort riche, et les parents ayant donné leur
consentement, le mariage eut lieu au milieu
des fêtes et des pompes accoutumées.

Après le mariage, le jeune époux, au lieu
de jouir en paix de son bonheur, comme il

eût convenu, tint à sa femme, toute surprise,
le discours suivant : « Mon cher cœur, mes
« parents et les vôtres possèdent de grandes
« richesses : mais, nous, nous n'avons rien en
« propre. Aussi, j'ai pris la résolution de vous
« quitter pour quelque temps, malgré mon
« amour, et de m'embarquer sur un navire
« pour conquérir, au pays de l'ivoire et
« des pierreries, une fortune qui soit bien à
« nous ».

La petite épouse, en entendant ces paroles, se mit d'abord à pleurer, tant son cœur
était attristé, puis elle répondit timidement:
« Mon cher époux, ce ne sont que les pauvres
« gens, isolés, malheureux, sans attaches sur
« la terre, qui s'en vont ainsi à la mer cher-
« cher fortune à travers les orages et les dan-
« gers ; mais tel n'est pas votre cas, bien loin
« de là : songez que je n'ai d'autre protec-
« teur que vous, que je vous aime : nos pa-
« rents jouissent de tout le confortable que
« la fortune peut donner, et nous en aurons
« toujours notre part, même de leur vivant,
« car ils nous aiment tendrement. »

— « Oui, sans doute, femme, mais il vaut

« mieux posséder des biens qui soient le
« fruit, non de la générosité de nos parents,
« mais de notre propre travail : si même, je
« venais à périr au cours de mon entreprise,
« ma mort serait honorable et ma mémoire
« respectée. Un homme qui n'a pas de moyens
« d'existence, provenant directement de son
« travail, est toujours un être tenu pour in-
« férieur, parfois, même, méprisé. Et puis,
« ce n'est pas une existence que de toujours
« manger, boire et dormir, sans faire œuvre
« de ses dix doigts. Le sage dit, d'ailleurs,
« dans nos livres sacrés, que ceux qui, sans
« crainte pour leur vie, s'embarquent sur
« l'océan orageux, à la recherche de la
« fortune, sont dignes d'éloges, même s'ils
« n'atteignent pas leur but. Aussi, n'insistez
« pas, car je suis bien déterminé à partir. »
Et après l'avoir tendrement embrassée, il
partit, en effet, comme il l'avait dit.

Peu de temps après son départ, sa femme,
que la solitude abattait, et qui était trop
jeune pour résister aux appels de son cœur
inexpérimenté, oublia l'absent, et contracta
une liaison avec un serviteur de ses parents,

nommé Payta, jeune garçon à peu près de son âge et fort beau.

Or, un jour, son amoureux lui dit : « Mon « cœur, nous sommes heureux, nous vivons « l'un près de l'autre : mais, supposez que « votre mari reviennne, comment ferions-« nous ? adieu, notre bonheur ! » La jeune femme tomba dans une longue rêverie, cherchant à résoudre ce problème, en apparence insoluble, puis tout à coup, relevant la tête : « J'ai trouvé, dit-elle, à son amant, allez cette « nuit au cimetière, et apportez-moi le ca-« davre d'une femme fraîchement enterrée ; « nous le placerons sur le toit et nous met-« trons le feu à la maison. Mes parents, en « retrouvant le cadavre tout noirci, s'imagi-« neront que j'ai été brûlée vive dans l'incen-« die, et, pendant ce temps-là, nous irons nous « établir dans une autre partie du pays, où « rien ne viendra contrarier notre amour ! »

Payta suivit le conseil de sa femme et pendant que le feu faisait son œuvre sinistre, il partit avec elle, par des chemins détournés, et arriva sans encombre au village où il avait décidé de s'établir.

Les parents de la jeune fille, s'imaginant que c'était bien leur enfant qui avait ainsi été dévorée par les flammes, la pleurèrent amèrement et lui rendirent tous les honneurs funèbres prescrits par les livres sacrés, brûlant une seconde fois, sur un bûcher de bois parfumé, et au son des cymbales, ses pauvres restes, déjà méconnaissables.

Mais l'amour est aveugle et imprévoyant. Payta et son amante étaient bien entièrement l'un à l'autre, sans avoir à craindre ni reproches, ni surveillance : mais, ils avaient négligé de rien emporter avec eux, sinon quelques bijoux, et au bout d'un certain temps, ils se trouvèrent absolument sans moyens d'existence.

L'amour le plus ardent s'attiédit quand la faim vous tenaille : c'est la vieille histoire et l'expérience de tous les temps. Aussi, un beau matin, toute chaude encore des baisers de son amant, la jeune fille lui dit-elle d'une voix assurée : « Ma foi, mon ami, je « vois que vous m'aimez toujours éperdu- « ment : moi aussi, mais je trouve que nous « sommes par trop gueux et misérables. Nous

« allons simplement mourir de faim au mi-
« lieu de nos amours. Voici ce que je pro-
« pose : nous allons retourner chez mes
« parents. Ceux-ci qui vous connaissent très
« peu, ne se souviendront pas de vous, au-
« quel ils ne pensent guère. Mais, moi, ils
« seront naturellement frappés de la ressem-
« blance qu'ils me trouveront avec leur fille :
« je suis sûre qu'ils me donneront à moi et
« aussi à vous, mon mari, de quoi acheter de
« la nourriture, des habits, en un mot tout
« ce dont nous manquons ici, et dont je ne
« puis plus me passer [1]. »

Payta, qui n'avait d'autre volonté que celle
de sa maîtresse, donna son adhésion à ce
projet, et, après un repas des plus sommaires,
ils s'en retournèrent ensemble à la maison
des parents. Arrivés, vers le soir, à l'entrée

---

[1]. Croirait-on pas entendre parler la Périchole :

O mon cher amant, je te jure
Que je t'aime de tout mon cœur,
Mais, vrai, la misère est trop dure !
Et....

Le cœur humain est le même à toutes les
époques.

du jardin qui s'étendait devant les bâtiments,
ils s'assirent, pour prendre du repos, à l'ombre d'un grand arbre tout couvert de fleurs
éclatantes, dont le parfum remplissait l'air
d'un arôme aussi pénétrant que les fleurs de
l'oranger.

Les serviteurs de la maison, qui descen-
daient à ce moment même, pour faire, comme
tous les jours, au coucher du soleil, une
libation d'eau pure en mémoire de la fille
de leur maître, si malheureusement brûlée,
aperçurent le groupe des deux jeunes gens,
assis sur l'herbe, et s'arrêtèrent comme
pétrifiés ; ils se disaient l'un à l'autre : « Si
« ce n'était pour l'époux qui l'accompagne,
« on jurerait que c'est notre maîtresse. » Et,
emportant leurs vases d'or, sans faire la
triste libation accoutumée, ils retournèrent
à la maison, et racontèrent, tout émus, à la
femme de leur maître, ce qu'ils avaient vu.

Celle-ci, comme on pense, descendit en
hate au jardin, au pied du grand arbre, où
étaient assis les deux voyageurs, et là, ayant
vu sa fille, elle versa des larmes silencieu-
ses, et demeura immobile, la contemplant de

5

loin, et n'osant lui parler. Enfin, par un violent effort, elle parvint à dominer son émotion, et s'asseyant près de la jeune fille, elle
lui demanda d'une voix douce qui elle était :
« Madame, répondit celle-ci, nous sommes
« des voyageurs de passage : nous nous som-
« mes arrêtés, un instant, pour nous reposer,
« à l'ombre de ce bel arbre, aux fleurs si odo-
« rantes, et maintenant, nous allons nous re-
« mettre en route. » — « Non, ne partez pas,
« mon enfant, restez ici près de moi ; j'aurai
« pour vous les soins d'une mère : votre vi-
« sage me rappelle les traits d'une fille ado-
« rée que j'ai perdue, et dont l'image est,
« toujours, là, devant mes yeux. Restez au-
« près de moi, je vous en supplie. »

Comme on le comprend, si la jeune fille
se fit un peu prier, ce fut pour la forme : elle
finit par accepter, et la pauvre mère, toute
joyeuse, emmena, alors, le jeune couple
dans sa maison, et lui assigna pour rési-
dence, dans le jardin même, un superbe
pavillon de bois de teck verni, couvert d'un
toit à plusieure étages.

Tout alla bien pendant quelques temps :

le couple heureux, vivait dans l'abondance, et la mère ne pouvait se rassasier de contempler le visage de celle qui lui rappelait tant sa fille bien-aimée. Mais, un beau jour, un courrier, envoyé en avant, annonça le retour de l'époux, qui revenait de ses courses aventureuses, plus tôt qu'il ne le pensait, et chargé de richesses. Le soir même, il arrivait, en effet, et sa première parole était pour demander des nouvelles de sa femme. On lui raconta, alors, l'incendie de la maison, avec force détails, et la mort terrible que la jeune épouse avait trouvée dans les flammes, son corps calciné, méconnaissable, et les rites funèbres accomplis sur son tombeau.

Retenant ses pleurs prêts à couler, il se rendit tristement au pavillon bâti par sa belle-mère, et dont elle lui donnait une partie pour son logement, quand tout à coup, assise sur la verandah, sur une natte colorée, et entourée de ses suivantes, il aperçut sa femme elle-même, là, qui le regardait.

Il resta, d'abord, immobile et muet, l'œil hagard, comme celui d'un homme privé de raison, puis il finit par s'écrier d'une voix

étranglée : « Ah ça ! qu'est-ce que cela veut
« dire? suis-je fou, où se moque-t-on de
« moi? Tout le monde me dit que ma femme
« est morte, et la voilà, là, en chair et en os,
« devant moi ! »

Trop troublé pour essayer, même d'appro-
fondir la question, il se retira du pavillon,
et s'en alla conter son cas au juge du village,
demandant que sa femme lui fut rendue. La
belle-mère du plaignant fut appelée en témoignage, ainsi qu'un grand nombre d'autres
personnes : non, il n'y avait aucun doute à
avoir, la jeune fille avait péri dans les flammes : sans cela sa mère elle-même viendrait-
elle l'affirmer ? la ressemblance de la jeune
femme du pavillon était toute accidentelle :
la mère désolée en profitait pour tromper sa
douleur, et c'était tout. Aussi, malgré les appels désolés du mari, le juge du village
fut-il contraint, en conscience, de décider
contre lui, et de rejeter sa demande, comme
le fit, à son tour, le gouverneur du district.

De guerre lasse et presque désespéré, le
mari alla trouver le roi du pays. Celui-ci
écouta patiemment l'exposé de l'affaire :

mais, il n'était pas très versé dans la science
de la loi, et sa perplexité était si grande que
la fille du génie gardien de l'ombrelle blanche, lui dit à l'oreille : « Sire, ce cas est grave
« et difficile : les inexpérimentés ne doivent
« pas s'en mêler : le chef de vos nobles,
« excellent juge, trouvera la vérité. » Le roi
fit, en effet, appeler auprès de lui ce seigneur
distingué, et lui ordonna de tirer au clair
cette affaire obscure.

Ce n'était pas une tâche facile qu'on lui
donnait là, à cet excellent ministre, tout
savant qu'il fût, et il ne savait vraiment que
faire et que décider. Sa fille, la belle Thoudamma Sâri Menzami, ne tarda pas à remarquer son air préoccupé, et lui en demanda
la raison. Pour toute réponse, le père, qui
avait toute confiance en elle, lui raconta,
simplement, le cas difficile que le roi lui
avait donné l'ordre de décider : « Mon
« cher Père, lui dit-elle alors, n'en prenez
« point souci : je me charge de tout. Don-
« nez, seulement, l'ordre de construire un
« pavillon spécial dans notre jardin, et faites-
« y comparaître, devant moi, les personnes

« en question. Elles se placeront dans les
« angles ; je resterai au centre, avec mon
« secrétaire, et je les interrogerai à tour de
« rôle. Je réponds de découvrir la vérité ! »

Tout étant arrangé comme elle l'avait demandé, la jeune princesse fit, d'abord, comparaître, devant elle, l'époux légitime, et lui
parla en ces termes : « Homme excellent, on
« m'a dit que vous aviez eu le malheur de
« perdre votre femme dans l'incendie qui dé-
« vasta votre demeure, peu de temps après
« votre départ pour un voyage en mer, que
« vous aviez courageusement entrepris, en vue
« de gagner une fortune par le commerce.
« Vous êtes heureusement revenu, avec la
« satisfaction d'avoir réussi et d'avoir amassé
« de grandes richesses. Vos parents eux-
« mêmes dont vous hériterez quelque jour,
« sont fort riches. Mon opinion sincère est
« qu'il n'est pas convenable qu'une personne
« de votre intelligence et de votre haute con-
« dition, soit engagée dans un misérable pro-
« cès où deux hommes se disputent la pos-
« session d'une femme : d'autant plus que
« cette femme déclare, à qui veut l'entendre,

« qu'elle est bien réellement la femme de
« votre adversaire, et celui-ci fait la même
« déclaration : et, depuis le roi du pays,
« jusqu'au dernier juge de votre village,
« chacun vous donne tort. Dites-moi, si elle
« était réellement votre femme, pourquoi
« le nierait-elle ? Vous feriez mieux de sui-
« vre le conseil que je vais vous donner : mais,
« comment allez-vous le recevoir, ce con-
« seil ? et moi-même, où trouverai-je la force
« nécessaire pour oser vous entretenir d'un
« sujet aussi délicat ? » Et, en disant ces
mots, rougissante, elle cachait sa jolie tête
entre ses mains, et comme le jeune homme
l'encourageait doucement à continuer : « Eh,
« bien ! poursuivit-elle, en relevant la tête, et
« comme ayant pris une résolution soudaine,
« voici mon conseil : Vous êtes riche ; moi-
« même, je suis la fille d'un puissant seigneur,
« premier ministre du roi : si nous venions
« à nous aimer, et à tomber d'accord pour
« nous épouser, quel chagrin pourrait ja-
« mais nous atteindre, jusqu'au dernier jour
« de notre existence ? Votre noblesse fait mon
« admiration : pensez à ma proposition, et

« répondez-moi avec la même franchise que
« celle que mon cœur, faible peut-être, mais
« charmé, montre envers vous ? » — « Ma ré-
« ponse sera facile, dit-il un peu tristement.
« Certes, je suis touché de vos paroles : mais,
« comment pourrais-je jamais abandonner
« une femme qui m'a été fiancée par ses pa-
« rents, avant qu'elle fut en âge de marcher
« toute seule, et que j'ai considérée comme
« ma compagne, alors que, tout petit enfant,
« elle courait dans la maison, libre, et sans
« vêtements ? L'homme ne doit jamais,
« volontairement, commettre une action
« cruelle, et quel bien, sauf en apparence,
« peut jamais résulter de la violation d'un
« contrat solennel ? » La jeune fille, en entendant ces paroles pleines d'honneur, sourit
doucement au jeune homme, et le congédia.
Son opinion était faite à son sujet.

Elle appela ensuite, au pavillon, Payta, qui,
pour elle, était un imposteur, et se contrai-
gnant encore à feindre lui dit, un peu abrup-
tement : « Il n'est pas convenable que deux
« jeunes hommes se querellent ainsi pour
« une femme. Je suis fille et n'ai point d'é-

« poux : Si vous le voulez, je vous épouse-
« rai. Je suis la fille d'un riche seigneur ; j'au-
« rai en abondance de l'or, des pierreries,
« et tous les biens de ce monde. Notre vie
« sera pleine de toutes les jouissances qui
« sont l'apanage de la fortune et d'un haut
« rang. »

Payta, sans même remarquer que la jeune
fille n'avait pas prononcé le mot d'amour,
et qu'elle ne parlait que de richesses, répondit sur le champ qu'il acceptait : « Si vous
« acceptez mon plan, répondit-elle, ayant à
« peine la force de dissimuler son dégoût, à
« cet abandon rapide de la femme qui avait
« tout sacrifié pour lui, nous nous échappe-
« rons, et nous irons vivre ailleurs qu'ici. Ce
« n'est qu'à cette condition que je croirai à
« votre fidélité. » Il y consentit, sans effort,
comme à quelque chose de tout naturel, et
ayant été congédié d'un geste de main un
peu brusque, qui ne laissa pas de le sur-
prendre, il sortit doucement du pavillon, les
yeux toujours tournés vers la princesse qui,
elle, fuyait son regard.

Enfin, celle-ci fit mander la jeune femme,

et lui adressa la parole en ces termes : « Ma
« sœur, votre époux actuel a une position
« bien humble : il ne possède rien et son
« esprit paraît inférieur, au lieu que le fils
« de l'homme riche paraît un homme accom-
« pli ; il a, en outre, une grande fortune et
« tous les moyens de vous rendre heureuse,
« si vous vous unissiez à lui vous ne con-
« naîtriez plus ni pauvreté ni misère, pen-
« dant le reste de votre vie. Dites-moi,
« pourquoi donc refusez-vous, ainsi, votre
« propre bonheur.

« Madame, répondit-elle, vous êtes femme,
« ainsi que moi, vous allez donc me com-
« prendre. Une femme n'est qu'un fruit sur
« un arbre, et c'est son époux qui peut être
« justement comparé à l'arbre qui porte ce
« fruit. Or, vous savez comment opère la na-
« ture : d'abord, il paraît sur l'arbre un sim-
« ple bourgeon, qui donne une ou deux feuil-
« les, puis devient une branche. Sur la bran-
« che se forme un bouton qui se change en
« fleur, et la fleur à son tour devient un fruit.
« Puis, le fruit mûrit, tombe de l'arbre, et
« est ramassé pour être mangé, ou bien aban-

« donné sur le sol. Or, je vous le demande,
« le fruit qui est tombé de l'arbre peut-il
« être rattaché à la tige d'où il s'est déta-
« ché ? Un enfant, lorsqu'il est né, peut-il ren-
« trer dans le giron de sa mère, dont il vient
« de sortir ? Eh bien ! tel est l'état de la
« femme qui a failli : son infidélité lui a ravi
« l'amour et le respect de son mari, et, à
« moins d'un miracle bien rare, elle n'a plus
« l' espérance de les regagner, même au prix
« d'un profond et sincère repentir ! »

Puis elle se tut, et baissa tristement les
yeux, dans une sorte d'abattement.

Quand la princesse entendit ces paroles,
elle se dit à elle-même : « Ah ! je comprends
« maintenant, la trahison dont cette femme
« est coupable, mais je vois, aussi, qu'elle en
« a un amer regret ! » Elle la renvoya alors,
doucement, hors du pavillon, avec quelques
bonnes paroles, et se mit à dicter à son secrétaire les conversations qu'elle avait eues
envers chacune des trois parties, et que nous
venons de rapporter. Son père en entendit
la lecture avec une vive joie, et ayant amené
les plaideurs devant le roi, il obtint la vé-

rité complète de la bouche des deux coupables.

Le roi rendit alors l'arrêt suivant qu'avait préparé d'avance Thoudamma Sâri Menzami : « Payta, qui n'était pas le véritable époux, et qui, en plus, était prêt à trahir lâchement celle qui croyait en lui, a mérité la mort : par pitié, je lui fais grâce : qu'il sorte à l'instant du pays ! Le fils de l'homme riche qui, malgré sa grande fortune, malgré les offres si tentantes qui lui étaient faites pour l'éprouver, n'a jamais voulu renier ni sa foi, ni son serment, est bien le véritable époux. Son caractère est digne de l'admiration de tous. Quant à la jeune femme, ici présente devant moi, des larmes dans les yeux, elle a, également, mérité la mort pour avoir terni le nom de son époux. Mais cet époux, généreux lui pardonne : je lui pardonne aussi, parce que c'est elle qui, dans son repentir, a fait connaître la vérité à la fille de mon ministre, par ces deux belles images, si frappantes, l'une, celle du fruit mûr qui ne peut plus se rattacher à la tige d'où il est tombé, et l'autre, celle de l'enfant nouveau-né qui ne peut plus rentrer dans le giron de sa mère, une fois qu'il en est sorti. Que ceci lui serve de leçon pour l'avenir, et qu'on la mette en liberté ! »

La fille du génie, gardien de l'ombrelle blanche, donna à haute voix son approbation à ce jugement, et le roi fit monter, auprès de lui, sur le trône, comme reine du pays, la jeune princesse qui avait déployé tant de sagesse en cette difficile affaire.

Juges, faites comme elle, des enquêtes intelligentes et approfondies dans tous les cas de fraude, tromperie, ou trahison, soumis à votre tribunal, éclairez-vous à la lueur de tant de sagesse !

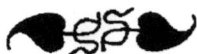

LE POTIER
ET LE BLANCHISSEUR

———

> L'envie est un vilain
> défaut: il porte, souvent,
> en lui-même, son châti-
> ment.

L'envie est un vilain défaut, et qui d'ailleurs porte en lui-même, bien souvent, sa
punition, ainsi qu'il advint au potier de cette
histoire.

Au temps jadis, pendant l'ère du Bouddha
Thoumayda, vivait, au bord du Gange, un
potier qui avait pour voisin un blanchisseur,
le plus important de la ville. Bon travail-
leur, toujours content, il avait une large et
nombreuse clientèle : il était riche, et vivait
avec un certain déploiement de luxe dont,
son voisin, le potier, moins favorisé de la

fortune, était bassement jaloux, si jaloux, qu'il résolut, sans rime ni raison, de briser toutes relations avec lui, comme si cette prospérité, acquise par de longues années de travail, pouvait lui porter aucun préjudice !

Cependant le blanchisseur, travaillant dur, bon pour tous, ne faisait aucune attention aux accès de mauvaise humeur du potier, et continuait, tout comme auparavant, son petit train de vie ; celui-ci se décida, alors, à lui jouer un vilain tour de sa façon : il fallait que sa bile crevât d'une manière ou de l'autre ! Dans cette intention peu charitable, il s'en alla trouver le roi du pays, un brave homme, mais qui n'avait pas la réputation d'être bien intelligent, et lui tint ce discours :

« L'éléphant de votre Majesté est tout noir, « mais je sais que le blanchisseur, mon voi- « sin, a des procédés qui ne sont qu'à lui, et « que, si vous lui donniez l'ordre de le blan- « chir, il y arriverait ; vous deviendriez de « la sorte « Tsinbioushin » le glorieux pos- « sesseur d'un éléphant blanc ! »

En parlant ainsi, le potier n'avait pas en

vue, évidemment, le bien du roi, qui était son dernier souci : mais il se disait que le blanchisseur recevrait sans doute l'ordre qu'il suggérait, et que, comme très certainement, il ne pourrait pas parvenir à blanchir l'éléphant, il serait disgracié, perdrait sa clientèle de cour, et que c'en serait fait de sa prospérité !

Le roi, en écoutant ce discours, fut d'abord très surpris et même enclin à sourire ; mais possédé, depuis longtemps, du plus ardent désir d'avoir un éléphant blanc, il se dit qu'après tout, le potier avait peut-être raison, et qu'en tout cas il n'en coûtait rien d'essayer.

On le voit, c'était un chef qui manquait de sagesse, et même du plus vulgaire bon sens ; mais, pour le malheur de l'humanité, chacun sait qu'il s'en rencontre quelquefois d'ainsi faits. Il envoya donc chercher, sans y plus réfléchir, son blanchisseur, et lui donna, à la grande hilarité des courtisans, l'ordre de lui blanchir son éléphant.

Le blanchisseur eut d'abord envie de rire comme les autres, de dire au roi qu'il trou-

vait la farce bien bonne, et que sa Majesté
maniait à ravir la plaisanterie ; toutefois,
voyant son air sévère, et se rappelant qu'il
était aussi cruel qu'inintelligent, il se con-
tint et resta sérieux : devinant aussitôt que
c'était du potier que partait le coup, il se
contenta de répondre, l'œil tourné narquoi-
sement vers le groupe des courtisans qui at-
tendaient sa réponse : « Sire, je vais faire de
« mon mieux pour exécuter l'ordre de votre
« Majesté ; elle n'ignore sans doute pas que,
« dans notre profession, quand nous voulons
« blanchir un objet quelconque, il nous faut
« d'abord le mettre à tremper, pendant
« quelque temps, dans un vase avec de l'eau
« et du savon, et ce n'est qu'après que nous
« procédons au blanchissage. Ainsi dois-je
« faire avec l'éléphant royal ; mais le
« malheur est que je n'ai pas de vase assez
« grand pour l'opération. »

Le roi, pensant, sans grand effort d'imagi-
nation, que c'était l'affaire du potier de fabriquer des pots et non d'un blanchisseur, fit
appeler son premier interlocuteur et lui dit :
« Potier, mon ami, je vais suivre ton conseil

« et faire blanchir mon éléphant ; seulement
« le blanchisseur, avant de commencer l'opé-
« ration pour de bon, a besoin d'un grand
« vase afin de l'y mettre tremper. Je t'or-
« donne de m'en confectionner un assez
« grand pour cela.

En recevant cet ordre, qui fut penaud ? ce
fut le potier. Il eut un instant l'envie de bra-
ver la colère du roi et de tout lui avouer ; sa
haine pourtant fut la plus forte, et il décida
d'essayer quand même de fabriquer le vase
commandé. Il appela à la rescousse tous ses
amis et tous ses parents ; ils accumulèrent
dans son jardin une immense quantité d'ar-
gile, et en quelques jours, après beaucoup
d'efforts, ils réussirent à faire un vase de
dimension à contenir l'éléphant. Ils l'appor-
tèrent en grande pompe au roi, lequel, tout
heureux, le fit tenir sans tarder à la disposition du blanchisseur. Celui-ci y mit de l'eau,
beaucoup de savon, et déclara bientôt que
tout était prêt pour faire entrer l'éléphant.
Les gardes du palais amenèrent alors le docile
animal ; mais celui-ci, sur l'invitation de son
cornac, n'eut pas plutôt posé le pied dans le

vase, qu'il éclata sous le poids et se brisa en mille morceaux.

L'incident étant rapporté au roi, celui-ci obligea le potier à faire un second vase, qui se brisa également, puis un troisième, puis un quatrième, et enfin beaucoup d'autres, qui tous eurent le même sort.

Tantôt ils étaient si épais qu'il n'y avait pas moyen d'y faire bouillir de l'eau ; tantôt ils étaient si minces que l'éléphant les faisait éclater en mille pièces dès qu'il y mettait le pied. Il s'en suivit qu'étant obligé de se livrer sans cesse à ce travail impossible, il dut négliger ses affaires privées et fut bientôt totalement ruiné. Il serait mort de faim, si le blanchisseur, dont l'âme était élevée, ne fût venu à son secours, et ne lui eût tendu, le premier, la main de la réconciliation.

Le potier s'était pris à son propre piège ; ce fut le trompeur qui fut trompé. Ceux qui cherchent, par malice, à nuire aux autres voient souvent leurs efforts impuissants se retourner contre eux-mêmes. Et c'est justice ! Quelque pauvre, quelque misérable que soit une personne, elle ne doit jamais nourrir d'envie contre ceux à qui la vie a été plus clemente. Fuyez comme un fléau ceux qui par jalousie sont capables d'actions mauvaises ou perfides. Chacun a sa destinée, heureuse ou malheureuse, ici-bas, et les vraies richesses, en vue du « karma » futur et des existences ultérieures réservées à l'homme, sont la vertu, la tendresse et la bonté !

L'AMOUR VÉRITABLE

Aucun sacrifice ne pèse
à l'amour véritable.

Aucun sacrifice ne pèse à un cœur qui aime vraiment : aux plus douloureux il se soumet avec joie, et c'est bien là le signe du véritable amour !

A la même époque que celle où se passe une de nos derniéres histoires, c'est-à-dire sous l'ère du Bouddha Gaunagong, qui vécut trente mille années, il y avait au pays de Kambautsa, quatre riches propriétaires qu'unissaient entre eux les liens de la plus chaude amitié. Trois d'entre eux avaient chacun un fils, et le quatrième avait une fille d'une admirable beauté.

Les trois jeunes gens, comme il convient,

en devinrent tous trois amoureux, et demandèrent, tous trois aussi, sa main à ses parents.
Ceux-ci voulant, avant de se décider, les
soumettre à une épreuve, les prièrent de leur
dire ce qu'ils feraient, si le destin cruel venait
à faire mourir la jeune fille avant qu'elle fût
en âge de se marier : de leurs réponses de-
pendrait la décision des parents.

Au bout de quelques jours, les trois jeunes
gens firent parvenir au père de la jeune fille
un message contenant leurs réponses. Le
premier disait, que si celle-ci venait malheureusement à mourir avant l'âge de quinze
ans, il se chargerait de la faire brûler sur un
bûcher construit de ses mains, et qu'il veil-
lerait lui-même à ce que tous les rites funé-
raires prescrits par la loi religieuse fussent
dûment accomplis. A ce message, les parents
de la jeune fille répondirent simplement :
« Cela est bien ! »

Le second soupirant promettait, si cette
cruelle douleur venait à le frapper, de réu-
nir avec soin, après la crémation, les os et
les cendres de son amie, et de veiller à ce
qu'il fussent enterrés dans un superbe tom-

beau de marbre, entouré de grands tama-
rins, aux ombrages épais. Les parents, d'un
signe de tête, approuvèrent également cette
intention touchante.

Quant au troisième, il dit, simplement,
que si ce grand malheur arrivait, après que
les restes de la jeune fille auraient été dépo-
sés dans son tombeau, il demeurerait, pour
toujours au cimetière, veillant nuit et jour
sur cette chère dépouille, jusqu'à ce que la
mort, elle-même, vînt le relever de sa funèbre veille.

Or, le destin voulut que la jeune fille vînt,
justement, à mourir avant d'avoir atteint sa
quinzième année, et, malgré leur douleur,
ses parents pensèrent devoir, par respect
pour elle, prier les trois jeunes gens de tenir leur promesse, ce qu'ils s'empressèrent
de faire.

Le premier veilla, à ce que tous les rites
de la crémation fussent accomplis : le second
prit les os et les cendres de la pauvre petite
morte, et les déposa pieusement, dans un
superbe tombeau, entouré d'arbres magnifiques. Et enfin, le troisième, s'installant au

6

cimetière, y commença sa longue veillée, de jour et de nuit, comme il s'y était engagé.

A quelques temps de là, un Yoghi, qui arrivait du fond des forêts de l'Himalaya, venant à passer à travers le cimetière, y aperçut le jeune homme assis tristement, et le front incliné sur la pierre du tombeau. Il s'arrêta, alors, pour lui demander ce qu'il faisait là. Celui-ci lui raconta lentement la douloureuse histoire ; la mort de la jeune fille, et le serment qu'il avait fait de veiller jusqu'à la fin sur ses dépouilles. Le Yoghi, intéressé par cette histoire, dite simplement, et touché d'une si belle preuve d'amour, lui demanda s'il serait content de voir la morte rendue à la vie.

Le jeune homme, les larmes aux yeux, ayant dit que ce serait son plus ardent désir, le Yoghi, en vertu de son pouvoir magique, ressucita d'un souffle la jeune fille qui apparut soudain, dans tout l'éclat de sa beauté et de sa fraîcheur premières. Sans parler, elle rentra tout droit, chez ses parents, qui furent, comme l'on pense, remplis d'une joie infinie.

Quand le premier de ses soupirants apprit
cette merveilleuse aventure, il alla trouver
les parents, encore tout à leur joie, et après
être revenu d'un premier saisissement, bien
explicable, il leur dit :

— « C'est moi qui ai porté son corps jus-
« qu'au bûcher, qui y ai mis le feu, et veillé
« à ce qu'elle fût brûlée selon les rites : n'est-
« il pas juste qu'elle soit ma femme, mainte-
« nant qu'elle est revenue ? »

— « Et moi, dit le second, qui ai pieusement
« placé ses cendres dans un superbe tombeau,
« celle à qui j'ai rendu ce suprême hommage
« ne doit-elle pas être ma compagne ? »

— « C'est pendant que je veillais, au cime-
« tière, sur ses dépouilles, dit le troisième,
« que le Yoghi, sur mon humble prière, l'a
« rappelée au nombre des vivants grâce à son
« pouvoir magique. N'ai-je donc aucun droit
« sur elle, moi, à qui elle doit la vie ? Mais,
« ajouta-t-il, à quoi bon nous disputer ? Nous
« savons, chacun, ce que nous voulons, et
« nous n'avons aucun moyen de décider en-
« tre nous ! Allons trouver la princesse Thou-
« damma Sâri ; elle est sage et équitable. Si

« vous le voulez nous nous soumettrons à sa
« décision. »

La proposition agréée des parents et
aussi de la jeune fille, fut acceptée sur-le-
champ.

Après les avoir écoutés, tous les trois,
avec la plus grande attention, la sage princesse rendit le jugement suivant :

— « J'ai bien entendu et bien compris ce
« que vous venez de me raconter. Le premier
« d'entre vous, après la mort de la jeune fille,
« a porté son corps sur le bûcher : puis quand
« les flammes l'eurent consumé, et que les
« rites eurent été accomplis, il est parti, sans
« plus s'en occuper ; le second a ramassé
« pieusement les cendres, et les a fait placer
« dans un riche tombeau : puis, le tombeau
« une fois scellé, il est allé à ses affaires.
« Mais, le troisième, lui, n'est pas parti : il
« n'y avait plus désormais, pour lui, d'affaires
« en ce monde. Il s'est établi au cimetière,
« et là, jour et nuit, il s'est mis à veiller sur
« le tombeau de son amie, bien que d'après
« l'usage de notre pays, l'homme qui se met
« gardien dans un cimetière sache que sa fa-

« mille sera dégradée et mise hors de caste
« jusqu'à la septième génération.

« Son amour a été plus fort que tout au
« monde. C'est lui, à coup sûr, qui a donné
« à la pauvre morte la plus grande preuve
« d'affection, et c'est au cours de sa longue
« veillée, que celle-ci a été miraculeusement
« rendue à la vie. Il ne l'a pas abandonnée pen-
« dant qu'elle était morte, lui seul a le droit
« d'en faire aujourd'hui sa compagne pour
« toujours. »

Ainsi jugea la sage princesse et le mariage eut lieu, au milieu de grandes réjouis-
sances, comme elle l'avait justement décidé.

Juges, inspirez-vous de cette même sagesse. Sachez qu'il est des degrés dans le dévouement comme en toute chose, et que c'est
à la grandeur des sacrifices faits à l'objet
aimé, qu'on doit juger de la profondeur d'un
amour.

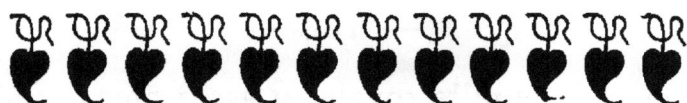

TROIS FEMMES POUR UN MARI

———

« La femme la plus digne
d'être aimée et considérée
comme l'épouse idéale, est
celle qui montre à son époux
un dévouement sage, éclairé,
bienfaisant, continu, où rayon-
ne, doucement, et sans faux
éclat, la tendresse vraie, et non
celle qui se contente, envers
lui, du froid accomplissement
des devoirs que la loi prescrit,
non plus que celle qui lui té-
moigne, en saison et hors de
saison, les ardeurs d'un amour
charnel, exagéré, et, partant,
égoiste, comme tout ce qui est
inspiré par les sens et non par
le cœur. »

A l'époque à laquelle se passe notre dernier récit, il y avait au pays de Kambautsa,
un certain seigneur fort riche, apparenté de

loin à la famille royale, et assez pieux, mais qui en dehors de ses richesses, n'avait rien de bien remarquable. Ce n'est d'ailleurs, pas de lui dont il s'agit dans cette histoire, mais de son fils, dont les aventures successives feront mieux comprendre au lecteur la vérité des réflexions qui précèdent.

Ce jeune homme, qui avait été marié fort jeune, selon l'usage, s'était mis dans la tête, à la suite d'un rêve, qu'il mourrait de la piqûre d'un serpent, et il tenait à ce sujet à ses parents ébahis, les plus étranges discours : « Si ma crainte se réalise, leur disait-« il entre autres choses, et si je viens à « mourir, comme le dit mon rêve, de la mor-« sure d'un cobra capello, ne brûlez pas mon « corps sur un bûcher, je vous le défends : « attachez-le sur un radeau, et laissez-le aller « à la dérive, au fil de l'eau. Telle est ma « volonté formelle. »

Chose étrange, son terrible rêve se réalisa de point en point ; un jour qu'il traversait la jungle, un serpent le piqua à la main, et il passa, le jour même, de vie à trépas.

Fidèle à ses recommandations, et ne con-

naissant que l'obéissance à l'époux, prescrite
par la loi, sa femme se garda bien de le brûler, comme l'eussent voulu les rites : elle fit
attacher son corps avec de belles cordes de
soie sur un radeau de bambous, jonché de
fleurs, et le livra aux flots, sans le faire suivre
d'une barque, ni s'occuper en rien, de ce
qu'il allait devenir. Elle avait obéi, elle était
quitte envers sa conscience!

Or, il advint que le radeau descendit, tout
doucement, le cours du fleuve, et après avoir
navigué quelques semaines, il arriva dans
un certain pays où vivait un célèbre char-
meur de serpents qui avait trois filles. Quand
le funèbre radeau passa à hauteur de sa maison, ces trois filles étaient justement venues
au bord de la rivière, dans le but d'y laver,
comme chaque jour, leur longue et soyeuse
chevelure. Elles procédaient, assises sur la
rive, à cette toilette gracieuse, quand l'aînée
d'entre elles aperçut, par hasard, le radeau,
et dit à ses sœurs : « Regardez donc, voici
« un radeau qui descend le courant, et même,
« si je ne me fais pas illusion, il y a le corps
« d'un homme attaché dessus. »

— « Oui, répondit la seconde, c'est vrai,
« et même, ne voyez-vous pas comme sa
« main est gonflée, et toute noire ? il a dû
« sûrement être piqué par un serpent ! » —
Prenant alors un long bambou, elle attira
doucement le radeau à elle, et le fit dériver
du côté du bord, pendant que la plus jeune,
mettant en hâte ses vêtements, s'en allait,
tout courant, prévenir leur père, qui était
aussi expert dans l'art de charmer les serpents que dans celui de guérir leurs mor-
sures, sans parler de son pouvoir magique,
bien connu dans tout le pays.

Celui-ci ne tarda pas, en effet, à arriver et
à se mettre, sans perdre de temps, à admi-
nistrer au jeune homme toutes sortes de
remèdes contenus dans un coffret mystérieux
qu'il avait apporté avec lui. Comme ceux-ci
ne produisaient aucun effet, il pria ses filles
de s'éloigner un peu, et commença à mettre
en jeu ses charmes et ses incantations les
plus puissants, si bien qu'au bout de peu de
temps, le jeune homme ouvrit lentement les
yeux, regarda autour de lui, d'un air étonné,
puis, revenant tout à fait à la vie, se dressa,

debout, à côté de son sauveur, semblant lui
demander l'explication du mystère qu'il sen-
tait planer autour de lui.

Il est bon de dire, pour expliquer ce qui
va suivre, que le jeune homme était fort
beau : ses traits étaient remarquablement
fins, son regard brillant du feu de l'intelligence, son attitude fière et douce à la fois ;
enfin, ses riches vêtements et ses bijoux dé-
notaient une haute situation sociale. Or sa
beauté n'avait pas échappé aux trois sœurs
qui, cachées derrière le tronc d'un large ta-
marinier, pendant que leur père faisait ses
incantations, ne doutaient pas un instant,
qu'elles n'eussent sous les yeux, un prince
d'un pays voisin, victime de sortilèges et de
maléfices dont elles sauraient bien le délivrer.

Et, instinctivement, elles en vinrent même
à se quereller tout bas : « C'est moi,
« disait l'aînée, qui l'ai aperçu flottant sur
« son radeau : il est juste qu'il soit mon
« époux ». — « Mais non, répliquait la se-
« conde, c'est moi qui ai droit à sa main.
« N'est-ce pas moi qui ai détourné le radeau,
« à grand peine, et l'ai ramené le long de la

« rive? sans moi, il serait loin maintenant ».

« — Mais non, disait la cadette, c'est moi
« qui ai appelé notre père dont les incanta-
« tions l'ont ramené à la vie : en somme,
« c'est moi qui l'ai sauvé : il est à moi, à moi
« seule ! »

Et la querelle d'aller, d'aller, sans s'arrê-
ter, toujours à mi-voix, pendant que le magicien semblait expliquer au jeune homme,
objet de ces convoitises, les particularités du
lieu, nouveau pour lui, où il se trouvait. Il
fallait vraiment que sa beauté fut grande
pour avoir frappé aussi vivement l'âme des
trois jeunes filles. Peut-être aussi sa qualité
de prince, un prince! entrait-elle pour quelque chose dans tout ce bel émoi? Qui pourrait le dire? le cœur des femmes n'était
guère plus facile à connaître, en ces temps
lointains, qu'il ne l'est aujourd'hui : puits
profond, où le vrai et le faux, le bien et le
mal, l'ambition et le dévouement, la grâce
et la ruse, l'amour et la haine, se livrent
d'obscurs et puissants combats, sur lesquels,
toujours, comme une lumière céleste qui
éblouit les regards de l'observateur, éperdu

et déconcerté, scintillent, avec une majesté troublante, les rayons d'or de la beauté !

Cependant, après un instant, l'aînée qui était la plus sage des trois, éprouva, soudain, comme une sorte de honte de cette étrange querelle : peut-être, aussi, avait-elle des doutes sur son succès vis-a-vis de ses deux plus jeunes sœurs, plus attrayantes, et plus jolies ? Quoiqu'il en soit, honte réelle ou feinte, elle en vint à dire, d'une voix tout à coup radoucie : « Allons, mes sœurs, ce n'est pas con- « venable à nous, trois sœurs, qui nous ai- « mons tendrement, de nous disputer, de cette « façon, la possession d'un homme, fût-il « cent fois prince ! Ecoutons les conseils de « la sagesse, renonçons à lui, et puisqu'il est « guéri, aidons-le, grâce au pouvoir de no- « tre père, à retourner librement et promp- « tement dans son pays. »

Les deux jeunes sœurs, après un peu d'hé- sitation, jalouses aussi entr'elles, et un peu par dépit, se rangèrent à l'avis de leur aînée, et promirent de l'aider dans tout ce qu'elle ferait pour renvoyer le jeune homme chez les siens. Après une courte conversation avec

7

leur père, dont l'œil, avait, pendant l'affaire une expression narquoise, qui n'échappa pas aux jeunes filles, plus émues qu'elles ne le voulaient paraître, celles-ci, sous prétexte de mettre au jeune homme un collier de fleurs de mouêban, blanches au calice d'or, et au parfum précieux, lui passèrent autour du cou un cordon magique, que leur père avait pour elles, extrait, à grand regret, de son mystérieux coffret.

A peine le cordon se trouva-t-il noué autour de son cou, que le beau jeune homme fut soudainement changé en un joli perroquet, vert et jaune, avec un collier rose vif, lequel battit l'air, un instant de ses ailes, et après avoir tourné trois fois en cercle, comme pour dire un dernier adieu auxamis qui l'avaient si bien traité, piqua droit dans la direction de son village natal.

Après une longue course, il aperçut enfin, le jardin du roi du pays, et se posa doucement sur un des arbres les plus touffus, près d'un petit lac. Il ne voulait que s'y poser quelques heures. Mais, séduit par ces épais ombrages, qu'habitait un peuple d'oiseaux jaseurs, et par les fruits exquis, de toute sorte, dont le jardin était rempli, il oublia le but de son voyage, et s'établit à demeure dans cet agreste séjour, vivant plus heureux qu'il ne l'avait jamais été dans le passé, et ne pensant plus guère aux siens qui, d'ailleurs le croyaient mort, et disparu pour toujours.

Or, un jour que le jardinier présentait au roi, comme d'habitude, des corbeilles remplies de fleurs et de fruits provenant du jardin, celui-ci lui dit : « Mais, jardinier, au-« trefois, les fleurs et les fruits que vous « me donniez étaient superbes : pourquoi « donc n'en est-il plus de même à présent? « je remarque une grande différence depuis « quelque temps. »

— C'est qu'autrefois, sire, il n'y avait pas « tant de perroquets dans le jardin : aujour-« d'hui, il y en a un, surtout, ah! le diable! « qui détruit tout, et je ne puis pas venir à « bout de le chasser. » — « Vraiment, fit le « roi! si c'est ainsi, qu'on appelle tous les « oiseleurs de mon palais, et qu'on leur « fasse construire un piège pour attraper, « sans retard ce maudit oiseau! » Et, en effet, la pauvre bestiole fut bientôt prise : mais les chasseurs la trouvèrent si jolie, avec son cou gracieux, son œil vif, et son beau plumage, qu'ils n'eurent pas le cœur de la tuer et la déposèrent toute vivante, au pied du roi, lequel, en raison de sa beauté surprenante, la donna à son tour à sa fille.

La jeune princesse, charmée du cadeau de son royal père, se prit d'amitié pour le joli oiseau, et, en eut elle-même, le plus grand soin ; elle passait des heures entières à le caresser et à jouer avec lui. Or, un jour qu'il reposait, doucement, sur ses genoux, elle remarqua, pour la première fois, le petit fil de soie rose qu'il avait autour du cou ; craignant, tout léger qu'il fût, qu'il ne l'incommodât, elle se mit en devoir de le lui ôter.

Mais, à peine l'avait-elle détaché, qu'à sa grande surprise, l'oiseau se trouva, soudain, transformé en un beau jeune homme, d'un visage avenant, et d'une taille élégante. Au comble de l'étonnement, et sachant à peine ce qu'elle faisait, elle s'approcha de lui doucement, et lui remit le fil autour du cou, sur quoi, il reprit, subitement sa forme d'oiseau.

Sa surprise était profonde, mais, aucune terreur ne s'y mêlait, au contraire; un sourire radieux illuminait ses traits : son cœur était déjà plein d'amour pour le beau jeune garçon qu'elle avait vu lui souriant doucement, et venait d'avoir une inspiration subite, ingénieuse comme toutes celles que suggère l'amour. Cette inspiration allait lui permettre de jouir, à l'insu de tous, de sa merveilleuse découverte, et d'éloigner tous les soupçons des gens de sa suite.

Tous les soirs, elle dénouait le bienheureux cordon, et demeurait, toute la nuit, entre les bras de son ami, perdue dans l'extase d'une fête d'amour, jusqu'au retour de l'aube blanchissante, où elle remettait vite le fil magique, et l'oiseau reparaissait, voltigeant tout le jour auprès d'elle, choyé, caressé, on devine combien ! Tout alla bien pendant quelques mois : mais quelle est la médaille qui n'a pas son revers ? c'était trop beau pour durer. Un jour, malgré tous les efforts de la jeune princesse, on s'aperçut à

la cour, que son joli corps de vierge, si
mince et si svelte, avait perdu sa symétrie,
et offrait, aux regards les moins exercés,
les signes trop certains d'un amour béni dans
sa fécondité, et la sûre promesse des fruits
de l'automne, après la caresse du soleil d'été.
Et pourtant, personne ne pouvait trouver la
clef du doux mystère.

L'incident arriva aux oreilles du roi,
qui, naturellement fut plus que surpris et,
le croirait-on, fort en colère ? Vite il
manda son grand justicier, et lui ordonna
d'ouvrir, sans retard une enquête (car,
déjà à cette époque, on ouvrait des enquêtes, que d'ailleurs, tout comme aujour-
d'hui, on ne fermait jamais) : et en effet
dans le cas présent, ce fut le hasard seul
qui fit tout découvrir.

Le perroquet, en entendant l'ordre d'enquête (n'étant guère expérimenté), fut pris
d'une telle peur qu'il se mit à trembler, et
comme la fenêtre était toute grande ouverte,
il s'envola dans le jardin qui était de plain-
pied avec l'appartement : malheureusement,
le fil qu'il portait au cou s'embarrassa dans

la fenêtre, et se cassa net, dans l'effort qu'il fit pour se dégager.

Se trouvant ainsi accidentellement remis dans sa forme première, le jeune homme s'enfuit, en toute hâte du palais, comme on pense bien, courant tête baissée, droit devant lui et ne sachant trop, en somme, ce qu'il faisait. Le hasard voulut qu'il entrât, tout droit, dans la maison d'un homme riche, lequel était en train de dîner avec sa femme et sa fille, tous les trois assis sur une natte légère, autour du plat de riz bouilli.

Le premier émoi passé, celui-ci, qui voyait bien qu'il n'avait pas à faire à un voleur, et que quelque mystérieuse histoire se cachait là-dessous, interrogea le jeune homme sur les motifs de cette entrée dans sa maison, aussi brusque qu'insolite. Se sentant perdu de tous les côtés, celui-ci ne crut pas pouvoir mieux faire que de raconter à ses hôtes improvisés, toute son histoire d'un bout à l'autre telle qu'elle était arrivée, et sans en rien omettre.

La jeune fille, les yeux baissés, regardait pourtant le conteur à la dérobée et l'écoutait

avidement. Quand il eut terminé son
étrange récit, le maître du logis, qui était au
fond un brave homme, et que l'histoire avait
beaucoup intéressé, l'invita à prendre part
au dîner, comme s'il était de la famille.
Épuisé par tant d'aventures et mourant de
faim, celui-ci ne se fit pas prier longtemps.

Sur ces entrefaites, les gens du chef de
police qui avaient vu de loin le jeune homme
courir à perdre haleine, s'étaient imaginés
que c'était un voleur, venu peut-être avec
ses complices, pour dévaliser la maison dans
laquelle il était entré et ne tardèrent pas à
arriver pour s'enquérir. Mais la mère de la
jeune fille qui avait un grand sang-froid, et
un certain projet en tête, leur dit posément :
« Hommes, que voulez-vous? Il n'y a ici que
« mon mari, ma fille et mon gendre qui,
« comme vous le voyez, mangent leur dîner :
« cependant si vous croyez qu'un voleur est
« entré chez moi, vous pouvez essayer de le
« prendre » : et elle leur donna la permission
de fouiller partout. Après quelques instants,
ne trouvant rien nulle part, ils prirent le
parti de s'excuser et de s'en aller. Le jeune

garçon était sauvé : mais il l'avait échappé
belle !

Après cette scène très émouvante, où la
tête de son hôte était en jeu, le maître du logis
qui n'avait cessé de regarder le jeune homme
et qui était de plus en plus frappé de sa noblesse et de sa beauté, eut une rapide consultation avec sa femme qui acquiesça d'un
sourire, consultation à la suite de laquelle il
mit sa main dans celle de sa fille, et déclara
qu'il la lui donnait pour épouse.

Or, pendant ce temps-là, la fille du roi
était tombée malade à la suite du chagrin
qu'elle avait éprouvé de la perte de son bel
amoureux qui lui faisait passer des nuits si
douces : elle restait tout le jour à demi éva-
nouie et comme perdue dans un rêve inté-
rieur. Les médecins ne cachaient pas leur
inquiétude. Le roi, désespéré, alla la trouver
et ne faisant, dans sa délicate tendresse, aucune allusion à son état, il lui demanda de
lui dire, en toute confiance, ce qui la cha-
grinait et la rendait malade, si bien qu'elle
prit le parti de lui raconter toute l'histoire,
le suppliant de tout faire pour retrouver et

pour lui ramener le jeune homme qui lui tenait tant au cœur.

Le roi, qui aimait sa fille plus que tout au monde, oublia ses trop justes griefs, et fit faire des recherches de tous côtés, promettant son pardon au coupable. Toutes les recherches furent infructueuses. Il se décida alors à un stratagème qui ne pouvait manquer de réussir. Il fit préparer une grande fête dans son palais, à laquelle il ordonna formellement à tous les dignitaires, juges, officiers, courtisans et notables, d'être présents, sans faute, eux et toute leur famille.

Naturellement, tous s'y rendirent : dans le nombre se trouvait le jeune homme au fil magique, et la jolie fille qui était devenue, si opportunément, son épouse. La princesse qui inspectait anxieusement tous les invités, l'un après l'autre, s'écria tout à coup : « Le « voilà, c'est lui, mon cher mari ! » A ce même moment, une autre femme richement vêtue, sortit de la foule et s'interposa : c'était la première épouse du jeune homme, avant la piqûre du serpent : « Je déclare, dit-elle, « que cet homme est mon époux légitime :

« quand il fut piqué par un serpent, nous
« l'avons lié sur un radeau, comme il l'avait
« ordonné et nous l'avons lancé à la rivière :
« je vois qu'il n'est pas mort, que par une
« chance inexplicable il a été sauvé ; je le
« réclame pour mon mari. »

L'assemblée était houleuse, et en proie à
une vive émotion. Elle redoubla quand une
troisième femme s'avança, à son tour, pour
protester énergiquement : « Comment, dit-
« elle, on ose prétendre que cet homme n'est
« pas mon époux ? Mais pensez y donc !
« quand les gens du chef de la police ont
« fait invasion chez nous, ils auraient infail-
« liblement, tué ce jeune homme, ou tout au
« moins, ils l'auraient conduit au roi qui
« était, à ce moment, dans une colère furieuse,
« si mon père et ma mère, par leur adresse et
« leur sang-froid, ne lui avaient sauvé la vie !
« Après cette aventure, ils me l'ont donné en
« mariage, et sa reconnaissance s'est, tout de
« suite, changée en amour ; n'ai-je pas le
« droit de le considérer comme mon légitime
« époux ?

La noblesse de ses traits, la décision de

son attitude, son front sérieux, tout semblait prédisposer la foule en sa faveur : mais les deux autres femmes ne voulaient pas céder et la discussion menaçait de s'éterniser. Le roi, auquel la princesse en avait, de suite, appelé, mais chez lequel l'amour paternel n'étouffait pas le sentiment de la justice, refusa de se prononcer, de peur, disait-il, d'être partial, sans le vouloir. Il engagea les trois femmes à s'adresser pour obtenir une décision, à la princesse Thoûdamma Sâri, si renommée pour sa sagesse.

Ce nom seul fit tomber à l'instant la querelle : elles acceptèrent le conseil, sur l'heure, et allèrent, incontinent, se présenter devant elle, au palais voisin, près des monastères de la ville. Celle-ci, fidèle à son usage constant, commença par s'enquérir à fond, au moyen d'interrogatoires répétés, des diverses circonstances, et des moindres détails de l'affaire.

La première femme du jeune homme raconta, d'abord, l'histoire de la piqûre et du radeau : « S'il n'est pas mort, malgré les appa-« rences, n'est-il pas juste qu'il redevienne

« mon époux, comme auparavant? » — La
fille du roi, l'œil brillant, s'exprima, alors,
ainsi, en un langage qui coulait de ses lèvres
comme un chant : « Ce jeune homme, par la
« puissance d'un magicien, a été, jadis,
« changé en oiseau ; les chasseurs l'ayant
« pris au piège par ordre du roi mon père,
« c'était la mort qui l'attendait. Je lui ai
« sauvé la vie en le prenant avec moi. Je
« découvris son secret, et il devint mon époux.
« Grande était pour lui ma tendresse, et notre
« ardent amour fut sans nuages, jusqu'au
« jour où mon père, ayant voulu faire une
« enquête, pour découvrir, malgré moi, le
« secret de mon cœur, il prit peur, et dispa-
« rut, après avoir repris sa forme première.
« Je l'aimais tant que j'allais mourir de son
« absence, quand mon père, à qui j'avais tout
« avoué, l'a fait rechercher, et l'a retrouvé.
« C'est moi qui lui ai sauvé la vie en gardant
« le silence : aujourd'hui, mon père a tout
« pardonné, grâce à mes prières, et désire
« l'unir à moi, qui ne puis vivre sans lui ;
« n'est-il pas juste, ô Princesse, qu'il soit
« mon époux ? »

Quant à la fille de l'homme riche, elle dit simplement ces paroles d'une voix grave :
« Quand les gardes de la police ont donné
« la chasse au jeune homme, à sa sortie du
« Palais, celui-ci était en péril de mort.
« Affolé, ne sachant que faire, il s'est réfugié
« chez nous. Là, mes parents s'y sont pris si
« adroitement qu'ils lui ont sauvé la vie.
« Puis, ils me l'ont donné en mariage : n'est-
« il pas légitimement, mon époux, envers et
« contre tous ? »

La princesse Thoudamma Sâri, après avoir longuement réfléchi, annonça au milieu du plus profond silence, qu'elle allait rendre son jugement, et chacun se pencha vers elle pour écouter sa voix :

« Quand, dit-elle, la première femme du
« jeune homme l'a attaché sur un radeau,
« et l'a laissé aller au fil de l'eau, c'est
« comme si elle avait déposé de ses pro-
« pres mains son corps sur le bûcher, ou,
« confié aux entrailles de la terre le cer-
« cueil contenant ses dépouilles. Aujour-
« d'hui, que par un concours merveilleux
« de circonstances, il se trouve être encore

« vivant, elle n'a plus aucun droit sur
« lui.

« Quant à la fille du roi, si les envoyés de
« la police avaient réussi à s'emparer de son
« bel amoureux, ni plaintes, ni prières, ni
« caresses, ni larmes, n'auraient pu, à ce
« moment, empêcher le roi, aujourd'hui
« calmé, de sacrifier sa vie à son terrible
« courroux : elle l'eût, dès lors, perdu pour
« toujours. Elle n'a donc plus le droit de le
« réclamer aujourd'hui, car sa mort était
« inévitable, si les parents de sa femme ac-
« tuelle ne l'avaient sauvé, par leur adresse,
« leur tact, leur dévouement ! C'est donc
« elle qui est bien légitimement son épouse ;
« qu'elle soit sa compagne pour le reste de
« ses jours. J'ai dit ! »

Ainsi parla cette sage princesse Thoûdamma Sâri, et, loin de murmurer, chacun
s'inclina devant la sagesse de ses paroles.
Juges, et vous, amants, instruisez-vous !

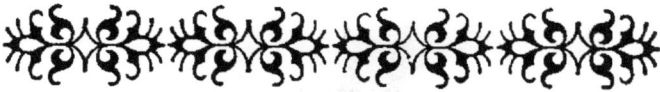

LES
ANIMAUX RECONNAISSANTS

« Traiter avec douceur
les animaux, ces hum-
bles frères, est un devoir
sacré, et, chez eux, la
gratitude n'est jamais
absente, comme en té-
moigne le récit qu'on va
lire. »

Il y a bien longtemps, au pays de Tekkatho, sous l'ère du vingt-cinquième Bouddha qui portait, comme on sait, le nom de
Gaunagong, quatre jeunes gens recevaient
ensemble leur éducation dans un monastère :
un prince, un jeune noble et les fils de deux
hommes riches, tous du même district, et
fort bons amis. Ayant appris tout ce qu'ils
désiraient apprendre, et les derniers jours se

passant en conversations familières sur les
devoirs de la vie, ils demandèrent un soir, à
leur maître, de leur expliquer quels avan-
tages une bonne qualité, la douceur envers
les animaux, par exemple, pouvait procurer
à celui qui la possédait. En guise d'explication, celui-ci leur raconta l'histoire suivante
où figure, comme on le verra à la fin, la sage
Thoudamma Sâri :

RÉCIT DU BRAHME A SES PUPILLES

Peu après le commencement de l'ère présente, vivaient au pays de Gahapâti, quatre
hommes, tous très riches et très intelligents,
lesquels avaient l'un pour l'autre une amitié
si fidèle et si tendre, qu'ils n'avaient pas de
plus grand bonheur que de s'entr'aider mu-
tuellement, et de se rendre tous les services
possibles.

Au bout de quelque temps, l'un des quatre
amis vint à mourir, laissant un fils unique,
auquel sa mère tint ce discours : « Mon cher
« enfant, mon époux, votre père, est mort :

« c'est donc vous qui allez prendre sa place
« dans la maison, comme chef de famille :
« dès maintenant, vous avez le droit de
« prendre possession de tous ses biens. Mais,
« vous êtes encore bien jeunet : vous n'avez
« pas eu le temps d'acquérir la sagesse et
« la prudence, qui sont si nécessaires dans
« la vie ! Allez trouver les trois amis de
« votre père, et suivez leurs leçons pendant
« quelque temps. Elle lui mit alors dans la
main trois cent pièces d'argent, et, l'ayant
embrassé tendrement, elle le regarda se
mettre en route, suivi d'une escorte de serviteurs, comme il convenait à sa condition.

Le lendemain, il croisa sur son chemin,
un homme accompagné d'un chien. « Eh
« l'homme, lui dit-il, voulez-vous me vendre
« votre chien ? il me plaît ! » — « Volontiers,
« répondit celui-ci, si vous voulez me l'ache-
« ter, cela vous coûtera cent pièces d'ar-
« gent. » Le jeune garçon, sans discuter sur
un prix aussi élevé, pour un pauvre animal
tout amaigri, paya, sans un mot, la somme
demandée et envoya le chien à sa mère, par
un de ses serviteurs. Celle-ci un peu sur-

prise, mais supposant que les amis de son époux avaient approuvé l'achat, eut le plus grand soin de l'animal, qui en avait d'ailleurs grand besoin, et le fit nourrir de son mieux.

Un autre jour après avoir fini son repas de midi, il se promenait tout seul sur la route, quand il croisa un homme qui était accompagné d'un petit chat blanc. Il lui demanda, également, s'il consentait à le lui vendre ? — « Je veux bien, répondit celui-ci, cela « sera cent pièces d'argent. » Le jeune homme paya, et comme précédemment, envoya le chat à sa mère, laquelle toujours sous l'impression que l'achat avait été approuvé par les amis de son mari, donna à l'animal la même attention et les mêmes soins qu'au chien.

Enfin, un autre jour encore, ce fut un homme avec un bel ichneumon qu'il rencontra : même demande, même réponse, et l'ichneumon, payé cent pièces d'argent, est, de même, envoyé à la mère qui en prend le plus grand soin comme des deux autres animaux, veillant en personne à tous leurs besoins.

Le chien et le chat étant des animaux domestiques, la veuve les garda sans crainte dans sa maison : mais l'ichneumon étant plus sauvage, elle n'osa lui accorder la même faveur, et le mit au fond du jardin : elle en avait grand peur, bien que l'animal restât tranquillement blotti dans l'herbe, et cette peur était si constante qu'elle commença à en maigrir.

Le moine bouddhiste, à la robe jaune, qui était son maître spirituel, étant venu un matin à la maison, pour recevoir sa ration de riz bouilli, s'en aperçut et lui dit : « Etes-« vous malade, mon enfant, et qu'y a-t-il « donc pour vous faire maigrir ainsi ? » Il se mit alors, en guise de sermon, à lui réciter les passages des livres sacrés, philosophie des Tripitakas, décrivant les huit formes sous lesquelles toute vie humaine peut être affectée, la fortune, les honneurs, la renommée, le bonheur, et les quatre états contraires.

La veuve répondit alors : « Maître, la « cause de ma mauvaise santé est la sui-« vante : j'ai donné à mon fils trois cents

« pièces d'argent et je l'ai envoyé auprès de
« trois amis de son père, afin qu'il apprenne
« d'eux comment diriger ses affaires avec
« prudence. Un jour, il m'a envoyé un chien ;
« un autre jour, un chat et un troisième jour,
« un ichneumon, ayant payé pour chacun
« des trois animaux cent pièces d'argent. Le
« chien et le chat sont des animaux domes-
« tiques et je n'en ai pas peur : mais l'ichneu-
« mon est une bête sauvage, et si, seulement,
« je le regarde, j'en ai une telle frayeur que
« tout mon corps se met à trembler, et pour-
« tant je n'ose m'en séparer à cause de mon
« fils qui paraît aimer tant ces trois ani-
« maux ! »

Le maître lui conseilla alors, de remettre
simplement l'ichneumon en liberté dans la
jungle, et comme c'est un devoir sacré de
suivre les conseils de son maître religieux,
ou de ses parents, elle lâcha l'animal dans
la forêt, tout en faisant mettre près de lui
une grande jarre remplie de nourriture bien
arrosée d'huile.

L'ichneumon se laissa faire, et une fois arrivé au plus profond de la jungle, il se tint

ce discours : « Le fils de l'homme riche a
« libéralement payé cent pièces d'argent
« pour moi et, depuis l'instant où j'ai été en
« sa possession, il a eu soin que je sois bien
« nourri, bien soigné : enfin c'est grâce à sa
« mère que j'ai pu obtenir ma liberté. Je
« veux me libérer envers mon bienfaiteur,
« et reconnaître ses bontés pour moi ! »

Après avoir médité sur le meilleur moyen
à employer, il prit entre les dents une belle
bague en rubis, égarée par un génie, et qu'il
avait trouvée dans la jungle, auprès d'un arbre, et l'apporta au fils de l'homme riche
auquel il en fit présent, en lui disant : « Pre-
« nez cet anneau, je vous le donne. Ce n'est
« pas un anneau comme les autres : il a le
« pouvoir de gratifier, à l'instant, tout désir
« que peut exprimer son possesseur. Portez-
« le constamment à votre doigt, et, sous au-
« cun prétexte, ne laissez une autre personne
« le mettre à sa main. » Sur ces mots, l'ichneumon partit, et se renfonça dans la
jungle.

Muni de son anneau, le jeune homme exprima alors tout bas un désir, et pendant la

nuit, un superbe palais, recouvert d'un toit à
sept étages, s'éleva en face de la maison qu'il
habitait. Il s'y installa immédiatement, avec
ses serviteurs, et bientôt ce fut une proces-
sion de tous les gens d'alentour accourus
pour voir la merveille : parmi eux, se trou-
vaient le roi du pays et sa fille. Il les reçut
avec les plus grands honneurs, et le roi fut
si séduit par sa bonne grâce et ses qualités,
qu'il lui donna la jeune princesse en mariage.

Très peu après cet heureux événement, le
moine qui était le maître spirituel de la char-
mante épouse, vint la voir, sous prétexte de
lui lire les livres saints de la Triple Cor-
beille, mais en réalité (car c'était un intri-
gant sous l'habit d'un saint homme, chose
qui se rencontre, hélas! en ce monde), dans
le but de découvrir quel pouvait bien être le
talisman du prince, grâce auquel il pouvait
ainsi posséder, sur son seul désir, d'aussi
somptueux palais.

Il choisit, pour entrer dans le palais, un
moment où le jeune homme était sorti. Après
une série de propos flatteurs, et de compliments aimables adressés à la princesse, il lui

demanda tout-à-coup, à brûle-pourpoint, si
son mari avait, réellement, de l'amour pour
elle. — « Comment pouvez-vous me faire
« pareille question, répondit celle-ci? Mon
« mari n'est que le fils d'un homme riche,
« et moi je suis la fille du roi. Je l'ai donc
« épousé par amour, et il a pour moi les
« mêmes sentiments de tendresse profonde. »
— « Puisqu'il vous aime tant, dit le brahme,
« il vous a, sans doute, permis de porter sa
« bague? » — « Non, répondit-elle et d'ail-
« leurs, je ne le lui ai pas demandé : dans
« quel but? » Là-dessus, le brahme se retira
sans vouloir ajouter un seul mot : la curio-
sité de son interlocutrice était éveillée :
la graine empoisonnée allait germer. Notre
religieux, comme on voit, connaissait bien
le cœur des femmes.

Un ou deux jours après que cette conversation avait eu lieu, la princesse demanda à
son époux de lui permettre de porter sa bague, dont le rubis avait de si brillants reflets.
Celui-ci, qui l'aimait d'une affection extrême,
et qui n'aurait rien su lui refuser au monde,
la tira aussitôt de son doigt et la lui remit,

mais en lui recommandant, tout particuliè-
rement, de ne la confier à âme qui vive, et
de la garder constamment à son doigt, sans
la déplacer.

Un jour que le prince était sorti, le brahme
se présenta de nouveau, et se mit à débiter
ses belles phrases et ses compliments à la
princesse, en vue de l'amadouer, et celle-ci
eut l'imprudence de lui dire comme par glo-
riole : « Vous savez, maître, j'ai la bague
« dont vous me parliez tant l'autre jour. »

— « Vraiment, dit-il, pouvant, à peine,
maîtriser son émotion, où est-elle ? »

— « La voici, » répondit-elle, en montrant
à son doigt l'anneau ornée du brillant rubis.

Il se mit, alors, à la supplier de l'ôter une
minute, juste une minute, pour lui permettre
de bien examiner l'orient de ce magnifique
bijou dont tout le monde parlait dans le pays
et dont aucune femme n'avait le pareil, peut-
être, au monde. La nourrice de la jeune
fille, qui était présente, joignit, bientôt, par
faiblesse, ses importunités à celles du religieux, afin qu'on lui laissât voir la bague un

petit instant, et, enfin, celle-ci, rassurée,
tira de son doigt l'anneau enchanté et le
passa au brahme.

A peine celui-ci eut-il le précieux talisman entre les mains, qu'à la stupéfaction
indicible des deux femmes, il se changea en
un gros corbeau noir, et s'envola bien loin,
dans une petite île, située au beau milieu de
l'Océan, et où personne ne pourrait même
tenter de le suivre. Il s'y installa dans un
superbe palais au sextuple toit.

Quand le mari rentra chez lui et apprit ce
qui s'était passé, son chagrin ne connut plus
de bornes : « Comment, dit-il à sa femme,
« vous avez eu la faiblesse de montrer ma
« bague, malgré les recommandations si sé-
« rieuses que je vous avais faites ! et mainte-
« nant, voilà le résultat ! elle est avec ce mau-
« vais brahme, au milieu de la mer, en un
« lieu où je ne puis, jamais, espérer la re-
« conquérir ! », et comme il voyait sa jeune
épouse accablée et tout en larmes, il eut le
cœur assez généreux pour oublier sa peine,
et la réconforter par ses caresses et ses baisers, sachant, au fond, qu'il était le vrai cou-

pable : car confier son secret à une faible femme, c'est vouloir qu'il soit perdu ! Il finit par tomber dans une mélancolie profonde, pensant toujours à la perte qu'il avait faite.

Cependant, ainsi qu'on va le voir, son malheur ne fut pas aussi irréparable qu'il l'avait pensé. Une troupe gracieuse de filles des Génies vint, un jour, se baigner et prendre ses ébats, dans une belle pièce d'eau, couverte de lotus en fleurs, non loin de l'endroit où s'élevait le palais du jeune homme. Avant de livrer leurs beaux corps nus aux ondes transparentes, elles enlevèrent de leurs cous gracieux leurs longs colliers de perles fines, et les déposèrent avec soin sur la rive.

Le chat qui se promenait de ce côté, aperçut ces superbes colliers, et comme il souffrait de voir son jeune maître toujours plongé dans la tristesse, il lui vint subitement une inspiration, celle de profiter de cette occasion inespérée pour lui rendre son bonheur perdu. Il ramassa, à la hâte, tous les colliers, et s'enfuit, à toute vitesse, pour aller les cacher, au pied d'un arbre, dans un endroit bien désert de la jungle.

Les filles des Génies qui avaient vu, du milieu de l'eau, où elles prenaient leurs innocents ébats, le chat s'enfuir avec leurs parures, sortirent en hâte du bain et se mirent, toutes ensemble, à supplier l'animal qui était revenu sur le bord, de leur rendre leurs colliers. Si le chat eût été un fils des hommes, il n'eût pu résister, à aucun prix, aux prières de ces belles filles, dont les longs cheveux dénoués formaient le seul vêtement et sur la gorge nacrée desquelles les gouttes d'eau brillaient comme autant de diamants sur un clair tissu d'aurore; mais, c'était un honnête chat et qui avait son plan bien arrêté. Assis sur son derrière, il regardait d'un air plutôt narquois, les belles suppliantes qui ne cessaient de lui répéter d'une voix pleine de douceur : « ce sont des colliers faits pour des « Génies et qui ne sauraient convenir à des « mortels; rendez-les nous ! »

— « Eh bien, je consens, filles des Génies, « répondit-il enfin, à vous rapporter, sur « l'heure, vos colliers de perles dont je n'ai « que faire, comme vous pensez : mais c'est « à une condition. C'est que vous allez me

8*

« faire, par votre puissance surnaturelle,
« comme Génies des eaux, un chemin pou-
« vant me permettre d'aller d'ici jusqu'à la
« la petite ile située en plein océan, où s'est
« réfugié le Brahme qui a volé la bague de
« mon maître : inutile de discuter : ce n'est
« qu'à cette condition que vous aurez vos
« colliers. »

Les filles des Génies firent alors la route,
d'un signe de la main, ainsi que cela se faisait à cette époque fortunée, où les Ponts-et-
Chaussées eussent été bien inutiles, et par-
tirent, tout heureuses, avec leurs bijoux.

Sans perdre un instant, le chat se mit en
route, et, en arrivant dans l'ile, il trouva le
Brahme endormi dans son palais. Il constata
avec plaisir qu'il portait justement au doigt
le fameux anneau. Doucement et sans l'éveiller, il le fit glisser de son doigt, et, repre-
nant de suite, avec le précieux bijou, la
route qu'il avait prise pour venir, il arriva
sans encombre au palais.

En remettant la bague entre les mains de
son maître qui était comme ivre de joie, il
lui dit : « Ceci est pour vous récompenser de

« vos bontés pour moi. Vous avez payé une
« grosse somme pour m'acheter, cent fois
« ma valeur : et depuis ce moment, je n'ai eu
« de vous et des vôtres que des soins et des
« bons traitements. Je ne fais qu'acquitter
« mon humble dette. »

Le jeune prince s'empressa d'annoncer la
bonne nouvelle à sa femme, qui en fut tout
heureuse. Quant au mauvais Brahme, à la
suite de l'aventure, on sera content d'apprendre qu'il tomba à la mer et fut noyé.

Quelque temps après, une bande de brigands se glissa dans le palais, à la faveur des
ombres de la nuit, dans le but d'assassiner
le prince et de lui voler son talisman. Mais le
chien qui faisait bonne garde, surtout la nuit,
les attendit à un détour, sauta à la gorge du
chef, l'étrangla net, et jeta son corps dans un
puits du jardin, ce que voyant, les autres
voleurs, surpris et démoralisés, s'enfuirent
précipitamment, non sans laisser quelques
lambeaux de leurs mollets aux griffes et aux
crocs du brave animal.

Le matin, le chien dit à son maître qui, selon son usage le caressait doucement au ré-

veil : « Je n'ai pas dormi la nuit dernière :
« j'ai eu fort à faire, » et comme celui-ci le
pressait de s'expliquer, il raconta que trois
brigands étaient entrés dans le jardin, en
sautant par dessus les murs, dans l'intention
de le tuer, mais qu'il avait étranglé leur chef
et que les autres, pris de terreur, avaient
cherché leur salut dans la fuite : qu'il avait
jeté le corps du brigand dans un puits, où on
le retrouva, en effet, avec une entaille à la
gorge et tenant encore à la main son poi-
gnard : « C'est, ajouta-t-il, en récompense de
« vos bontés pour moi que j'ai sauvé votre
« existence et vos biens, et je suis prêt à le
« faire encore ! » — « Ah, fit le prince, et
« dire que l'on se moquait de moi parce que
« j'avais donné cent pièces d'argent pour
« vous ! Mais toute la prospérité dont je jouis,
« ce palais, ces richesses, tout ce bonheur qui
« est le mien, et maintenant mon existence
« même, je dois tout cela à trois pauvres
« animaux ! » et dans un élan de reconnaissance infinie, il s'enfonça dans la jungle, prit
avec lui l'ichnenmon, le ramena à la maison,
afin d'en avoir, lui-même, le meilleur soin

possible, en même temps que de ses deux amis.

Mais il arriva que chacun d'eux, jaloux des caresses de son maître, réclama le droit d'avoir toujours la première place auprès de lui, au jardin, à la promenade, à ses pieds, dans la maison, partout, enfin.

L'ichneumon la réclamait, pour avoir donné à son maître l'anneau enchanté, source de tous ses biens : le chat, pour son adresse à obtenir l'intervention des filles des Génies, afin d'aller, au prix de mille dangers, retirer au brahme le talisman volé. Quant au chien, n'avait-il pas tué le chef des brigands et mis en fuite ses complices ? : « Ce n'est pas seu- « lement la fortune de mon maître que j'ai « sauvée, c'est son existence elle-même ! C'est « à moi que revient la première place près « de lui. »

Et la discussion s'éternisait entre les trois amis, sans aucune aigreur, certes, mais avec une persistance absolue : aucun d'eux ne voulait céder. Ils finirent, enfin, par tomber d'accord pour soumettre leur cas à la belle princesse Thoudamma Sâri. Celle-ci résidait alors à Madari, à la cour de son père, dans un somptueux pavillon, au sextuple toit et avec un seul grand pilier au centre, tels qu'ils sont réservés aux princesses de sang royal.

Elle connaissait à fond, dans leur lettre et dans leur esprit, la teneur des dix lois réservées aux princes, et des cinq Zilas des livres sacrés : les codes civils et les codes criminels, les livres de philosopbie et de morale n'avaient plus de secrets pour elle : la renommée de sa sagesse s'était répandue en tous lieux, et les personnages importants de toutes les nations de la terre venaient, en foule, à son tribunal, pour implorer sa sagesse, prêts à se soumettre d'avance aux arrêts tombés de sa bouche !

Les trois animaux se rendirent donc devant la princesse, la priant de décider ce cas intéressant. Ce fut l'ichnenmon qui prit le premier la parole : — « Mon maître, dit-il, « a payé pour moi cent pièces d'argent, pour « m'arracher à un homme brutal : puis sa « mère elle-même a eu pour moi toutes sor- « tes de soins et d'attentions, me nourrissant

« parfaitement, et finalement me rendant la
« liberté dans la forêt. Touché de ces pro-
« cédés et résolu de m'acquitter envers mon
« bienfaiteur, je lui ai fait cadeau d'un talis-
« man, une bague en rubis, grâce à laquelle
« il a pu obtenir un superbe palais qui s'est
« élevé du sol, pendant la nuit, en face de sa
« maison, et là, il vit heureux avec la fille du
« roi qu'il a épousée. Ainsi, je crois que j'ai
« le droit d'avoir la première place auprès
« de lui plus que le chat et le chien. »

A son tour, le chat raconta longuement à
la bonne princesse qui avait une patience
extrême, comme l'on voit, le larcin du
brahme et le moyen ingénieux, grâce auquel
il avait pu lui reprendre le talisman : « Sans
« les colliers des filles des Genies que j'ai
« dérobés et rendus ensuite, sous condition,
« tout était fini pour mon maître. »

Mais quand ce fut le tour du chien, celui-
ci s'avança sans hésiter et dit carrément :
« C'est moi, princesse, qui dois avoir la pré-
« séance sur mes deux compagnons. Quand
« les voleurs sont venus pour ravir la bague
« de mon maître, j'ai sauté sans hésiter à la

« gorge de leur chef et je l'ai tué net. Ses
« compagnons, frappés d'effroi, ont pris la
« fuite. C'est donc non seulement les biens
« de mon maître que j'ai sauvés, mais sa vie
« elle-même ; à quoi bon tous les biens de la
« terre, si on n'a pas la vie pour en jouir ? »

Les plaidoiries terminées, la princesse prit
son beau front dans ses mains et réfléchit
longuement comme elle avait coutume de le
faire quand il s'agissait d'un cas épineux :
puis elle finit par rendre, d'une voix douce,
son jugement : « Le chien a sauvé l'exis-
« tence de son maître, en chassant bravement
« ses assassins, au péril de ses jours. C'est
« lui qui doit, sans conteste, avoir la pre-
« mière place. Mais je proclame bien haut,
« devant tous, que cela ne diminue en rien
« le mérite de ses deux amis. Car il n'est
« personne qui eût su, aussi noblement que
« vous l'avez fait tous les trois, acquitter la
« dette sacrée de la reconnaissance ! »

Ainsi finit l'apologue conté par le religieux
aux quatre pupilles qui allaient quitter le
paisible abri du monastère, pour entrer dans
le tourbillon de la vie active. C'était une

sage leçon, prouvant, par une allégorie inge-
nieuse, que si, par nature, par intelligence,
l'homme est en effet, supérieur aux animaux,
jamais les bons traitements, les soins qu'il a
pour eux, ne rencontrent d'ingratitude, et
que c'est un devoir sacré de traiter toujours,
avec douceur et bonté, les êtres inférieurs,
doués du souffle de la vie !

TABLE DES MATIÈRES

LE PUY-EN-VELAY. — IMPRIMERIE RÉGIS MARCHESSOU.

ERNEST LEROUX, ÉDITEUR
28, RUE BONAPARTE, 28

COLLECTION
DE CONTES ET CHANSONS POPULAIRES